전쟁은
사기다

옮긴이 권민
서울대학교를 졸업하고 번역가로 활동하고 있다.
옮긴 책으로 『역사 사용설명서』, 『황금 비율의 진실』, 『불량 제약회사』 등이 있다.

전쟁은 사기다
ⓒ 공존, 2013, 대한민국

2013년 6월 25일 1판 1쇄 펴냄
2018년 12월 25일 1판 2쇄 펴냄

지은이 스메들리 버틀러
옮긴이 권민
펴낸이 권기호
펴낸곳 공존

출판 등록 2006년 11월 27일(제313-2006-249호)
주소 (04157)서울시 마포구 마포대로 63-8 삼창빌딩 1403호
전화 02-702-7025, 팩스 02-702-7035
이메일 info@gongjon.com, 홈페이지 www.gongjon.com

ISBN 978-89-964600-7-7 03390

WAR IS A RACKET by Smedley Darlington Butler
Korean translation of the 1935 edition
published by Round Table Press, New York.

THE WAR PRAYER by Mark Twain
Korean translation of the excerpt (chap. 34) of the 1923 essay collection
Europe and Elsewhere (edited by Albert Bigelow Paine)
published by Harper & Brothers, New York.

「추천사」 ⓒ Cindy Sheehan, 2010
「번역자 서문」 ⓒ 권민, 2013

저작권법에 의해 한국 내에서 보호를 받는 번역 저작물이므로 무단 전재와
무단 복제를 금합니다. 게재된 사진 가운데 일부는 저작권을 확인하고 있습니다.
무단 이용으로 인해 발생하는 법적 문제는 책임지지 않습니다.

전쟁은 사기다

스메들리 버틀러 지음 · 권민 옮김

마크 트웨인의 『전쟁을 위한 기도』 수록

공존

법은 전쟁 중에 침묵한다.

키케로

추/천/사

조금만 더 일찍 읽었더라면!

선한 전쟁이나 악한 평화는 단 한 번도 없었다.

벤저민 프랭클린

미국에게 전쟁이란 국민을 속여
대기업을 배불리는 수단이다.

놈 촘스키

《타임》 표지에 실린 스메들리 버틀러. 중국 지도를 살펴보고 있다. Photo by TIME/LIFE. 1927. 6. 20.

75년 전 해병대 소장 스메들리 달링턴 버틀러는 「전쟁은 사기다」라는 제목의 연설을 했다. 당시 이 연설이 그토록 강한 신뢰감을 얻은 것은 무엇보다 그가 해병대 역사상 가장 많은 훈장을 받았기 때문이다. 모든 해병들은 지금도 그에 대해 배우고 있지만, 그가 퀘이커교(절대 평화주의) 출신이고 퇴역 후 미국의 침략 전쟁을 비난했다는 사실까지 배우지는 않는다.

버틀러 장군은 군사계나 평화 운동 분야 외에는 그리 잘 알려져 있지 않다. 심지어 대학에서 미국사를 전공해 온갖 전쟁에 대해 배운 나조차도 그의 이름을 들어본 기억이 없다. 2004년 4월 4일 내 아들 케이시가 이라크 전쟁에서 죽고 나서 약 일 년이 지난 뒤에야 그를 처음 알았다.

2005년 3월경에 나는 언론에 실린 내 글을 읽은 어느 독자로부터 한 통의 이메일을 받았다. 거기에는 『전쟁은 사기다』를 읽을 수 있는 링크가 들어 있었다. 나는 바로 이때 처음 버틀러의 작품을 읽었다. 그러고 나서는 내 아들 케이시가 다른 어떤 이유도 아닌 '그들의 이득' 때문에 죽었다는 것을 확신하게 됐다. 또 '선한 전쟁(good war)'이라는 개념이 순 거짓말이라는 것도 알게 됐다. 버틀러는 제1장에서 이렇게 말한다.

무척이나 오랜 세월 동안 군인이었던 나는 '전쟁은 사기'인 것 같다는 생각을 했다. 퇴역해서 평범한 시민으로 돌아오기 전까지는 그것을 제대로 깨닫지 못했다. 하지만 오늘날 국제적 전운이 감도는 것을 보고 있노라니, 현실을 직시하고 용기를 내 말하지 않을 수 없다.

어느 정도의 차이는 있겠지만 이전의 세대들처럼 지금의 미국인들도 '이라크 전쟁'이라는 중요한 전쟁을 치르고 있다. 내 나이 세대의 '테러와의 전쟁'은 베트남전이었다. 버틀러 장군은 오늘날 '선한 전쟁'들이라고 알려진 제1차 세계대전과 제2차 세계대전 사이에 『전쟁은 사기다』를 썼다.

오늘날 이 책에 강한 신뢰감이 가는 이유는 저자의 연설이 있고 나서 75년 동안 아무것도 변한 것이 없기 때문이다. 책에 등장하는 일부 고유명사들을 현재의 해당자들로 바꾸면 소름끼칠 정도로 똑같다.

전쟁 중에 부자들은 늘 이득을 챙기고 가난한 자들은 늘 그 이득에 해당하는 채무를 진다. 언제나 그렇고 예외란 없다. 제3장에 이런 구절이 나온다.

그렇다, 군인들이 전쟁 빚의 대부분을 갚았다. 그의 가족들도 갚았다. 가족들은 군인들이 겪은 것과 똑같은 비통함 속에서 빚을 갚았다. 그가 고통 받을 때 그의 가족들도 고통 받았다. 밤에 그가 참호 속에 누워 있거나 옆에서 유산탄이 터지는 것을 볼 때, 그들은 집에서 침대에 누워 밤새 뒤척이며 잠을 이루지 못했다. 그의 아버지, 어머니, 아내, 형제, 자매, 아들, 딸 모두.

2006년 7월 12일 국방부가 그때까지 이라크에서 억울한 죽음을 당한 우리 군인이 2,544명이라고 발표했다. 무고한 이라크인들은 매일 수십 명이 전쟁 범죄로 죽임을 당했다. 그 며칠 전인 7월 9일 바그다드에서만 80여 명의 이라크인이 죽임을 당했다.

나는 내 아들 케이시가 몇 번째인지 모른다. 아무 관심도 없다. 614번째라고 말하는 사람도 있고 714번째라고 말하는 사람도 있다. 전혀 중요한 문제가 아니다. 케이시와 그 외 2,543명은 통계 숫자가 아니기 때문이다. 그들은 살아 있었고, 숨을 쉬었고, 사랑했고, 사회의 일원으로서 가치 있는 일도 했다. 그들은 약물 검사를 통과했고 미국과 우리의 자유를 지키기 위해 명예롭게 자원입대했다.

하지만 조지 W. 부시 일당과 뻔뻔한 전시 부당이득 취득자들이 그들을 앞세워 이라크에서 자행한 행위들은 '오용과 남용'이었다. 미국을 지키거나 우리의 자유를 보호하기 위한 행위는 아무것도 없었다. 이 '사기'는 충분한 근거를 통해 이미 증명됐다.

나는 하느님을 원망했다. 내 아들 케이시가 입대하기 전에 왜 나로 하여금 이 책을 읽게 하지 않았냐고! 그때 내가 이 책을 읽기만 했어도 지금 케이시는 살아 있었을 것이다. 첫 두 문단에 책 전체가 함축되어 있다. 우리의 아이들이 군산복합체의 수중에 넘어가지 않게 해야 할 이유가 나와 있다.

전쟁은 사기다. 언제나 그랬다. 전쟁은 아마 가장 오래된 사기일 것이다. 또 쉽게 가장 큰 이득을 남길 수 있는 사기이며, 확실히 가장 사악한 사기이기도 하다. 규모로 볼 것 같으면 독보적인 국제적 사기다. 이득은 달러로 계산하고 손실은 인명으로 계산하는 유일한 사기이기도 하다.

내가 보기에 '사기'라는 말은 국민 대다수의 눈에 보이는 바와 전혀 다른 뭔가를 설명하는 데 딱 들어맞는다. 소규모 '내부' 집단만이 그것이 무엇인지 안다. 그것은 소수의 이익을 위해 다수를 희생하면서 실행된다. 전쟁에 참여하지 않는 소수가 큰돈을 번다.

책에서 버틀러 장군은 당대의 '빌어먹을' 전시 부당이득 취득자들을 일일이 열거한다. 화약 회사, 철강 회사, 피혁 회사, 군복 제조업체 등등. 이 회사들의 이득은 제1차 세계대전 때 수십, 수백 배나 증가했는데, 얼핏 보면 오늘날의 전쟁 관련 기업들의 이득과 비슷하게 건전해 보이기도 한다. 또 버틀러 장군은 대령들을 위한 6,000대의 사륜마차와, 기병대를 위한 수천 개의 말안장과, 프랑스 상공에 띄울 수백 대의 비행기가 전쟁에서 한 번도 이용되지 않은 사실도 지적한다. 전시에는 돈 낭비와 생명 낭비가 무시무시하고 부도덕하게 자행된다. 언제나 그렇다!

제1차 세계대전과 다른 모든 전쟁에서 이루어진 어마어마한 부당이득 취득의 범죄적 전통은 오늘날 이라크에서의 전쟁 범죄에까지 이어지고 있다. 석유 회사 핼리버턴(Halliburton)과 자회사 켈로그 브라운 앤드 루트(KBR), 스탠더드오일(Standard Oil), 건설사 벡텔(Bechtel), 사설 경비(용병) 업체 블랙워터(Blackwater Security) 등은 지중해 바르바리 해안의 해적선 두목들이 혀를 내두를 정도의 일격을 이라크에 가해 수십 억 달러의 이득을 거두고 있다. 경쟁자가 없는 이 부당이득 취득자들은 조지 W. 부시 정권과 친분이 있거나 과거 그들이 몸담았던 회사들이다. 자신의 탐욕을 위해 다른 사람을 죽여 피 묻은 돈을 편취하고도 자기 자식이나 자손에게 한 점 부끄럼 없이 떳떳한 자들이 얼마나 되는지 나로서는 도저히 알 수가 없다.
버틀러 장군은 책에서 나폴레옹의 말을 전한다.

모든 군인은 훈장이라면 사족을 못 쓴다.…… 그들은 훈장을 따고 싶어 안달이 나 있다.

내 아들 케이시는 영국의 육군 출신 작가 로버트 베이든 파월(1857~1941)이 창설한 준(準)군사 조직 '보이 스카우트'의 단원이었다. 나는 보이 스카우트를 비난하지는 않는다. 케이시가 이글 스카우트(Eagle Scout, 21개 이상의 공훈 배지를 받은 보이 스카우트 단원)였고 스카우트 활동에서 많은 좋은 소양을 길렀기 때문이다. 그런데 케이시는 '훌륭한' 군인이 되는 법도 배웠다. 하느님과 조국에 대한 자신의 의무를 수행할 것을 맹세했다. 내키지는 않더라도 의기양양하게 전쟁터로 행진해 가도록 가르치는 것이 뭐가 잘못됐을까? 아무리 부조리하고 부도덕하더라도 그 '임무'를 자신의 가족이나 생명보다 더 우선시하도록 가르치는 것이 뭐가 잘못됐을까?

보이 스카우트들은 군복과 비슷한 유니폼에 다는 배지를 받는다. 나도 케이시의 어깨띠에 수십 개의 배지를 바느질로 일일이 달아줬다(나는 보이 스카우트에서 단원들이 배지 다는 바느질을 배웠을 때 첫 번째 배지를 주지 않는 것이 늘 불만이었다). 그러고 나서 케이시는 군인으로 '승진'해서 ('보이'가 아닌) '맨(사나이) 스카우트 배지'(훈장)를 받기 시작했다. 나는 이글 스카우트 배지를 바느질하는 것을 자랑스러워해야 하는 엄마처럼 케이시의 장례식에서 두 개의 훈장(Bronze Star, Purple Heart)을 아들 대신 받았다.

버틀러 장군의 말에 따르면, '맨 스카우트 배지'를 수여하면서부터 군대는 더 이상 군인들에게 돈을 지급할 필요가 없었다. 과연 얼마나 많은 '맨 스카우트 배지'를 수여해야 우리의 다 큰 아이가 불필요하고 무의미하게 저지르는 살인 행위를 보상할 수 있을까? 아마 온 세상을 다 덮을 만큼 수여해도 모자랄 것이다.

퓰리처상을 수상한 종군 기자 크리스 헤지스(1956~)는 『전쟁이란 견강부회하는 폭력이다(War Is the Force That Gives Us Meaning)』(2002)에서 이렇게 말한다.

환멸은 나중에 온다. 각 세대는 다시금 순진무구하게 전쟁에 반응한다. 각 세대는 저마다 다른 환멸을 느낀다. 대개는 엄청난 대가를 치르면서.

이 엄청난 대가란 군수 산업체들이 군침을 질질 흘리며 거두는 어마어마한 이득을 위해 우리의 아이들을 탐욕적으로 희생시킨다는 사실을 우리가 곧잘 잊어버리는 데서 비롯된다. 그래서 그들은 '식은 죽 먹듯이' 큰돈을 벌고 있다.

너무나 순진하게 잘 속는 우리가 자기 아이들을 선뜻 내주는 것을 사기꾼들이 비웃고 있다면 어떤 기분이 들까? 과거 세대의 어머니들은 전쟁과 폭력을 지향하는 대통령과 선동꾼들이 아이들을 끊임없이 전쟁으로 끌어들이는 것을 그저 지켜만 보았다. 지금의 어머니들도 자기 아이들이 저지르는 살인의 공범이 되고 있다. 물론 '미필적 고의'에 의한 살인이다.

결국 전쟁이란 어머니(또는 아버지, 배우자 등등)들이 지도자가 우리 아이들을 전쟁터로 내보내는 것을 더 이상 허용하지 않아야 끝날 것이다. 그러면 허기진 전쟁광도 굶어죽을 것이다. 이 흉악한 전쟁광은 이득이 발생한 가장 최근의 전쟁이 국적을 알 수 없는 유령 같은 적들과의 싸움이었다는 사실을 우리가 잊어버리기를 바란다. 전쟁은 그렇게 은밀하든 아니면 공공연하든 언제나 우리 아이들의 피로 치러진다.

내가 알기로 전쟁 지지자든 아니든 자기 아이를 전

쟁 범죄자로 키우는 부모는 없다. 나는 자기 아들이 자라서 이라크 소녀를 강간하고 무고한 이라크인들을 냉혹하게 살해하기를 바라는 부모가 이 나라에 없으리라 생각한다. 마무디야 사건(2006년 3월 이라크 마무디야 시에서 미 육군 병사 5명이 14세 이라크 소녀를 강간하고 16세 언니, 아버지, 어머니와 함께 살해한 뒤 증거를 인멸하기 위해 사체를 불태운 사건)과 하디타 사건(2005년 11월 19일 이라크 하디타 시에서 여성과 아이들을 비롯한 무고한 이라크 시민 24명이 미 해병대원들에 의해 무참히 살해당한 사건)은 끔찍한 만행이다.

그런데 이 사건들은 이라크 전쟁 범죄에서만 일어난 것이 아니다. 전쟁은 만행을 양산한다. 나는 마무디야 사건과 하디타 사건이 이라크 전쟁 범죄에서만 일어난 것이기를 하느님에게 빌어보지만 실상은 그렇지 않다. 네오콘(신보수주의자)들은 비열한 입을 놀려 대며 "우리는 '견지'할 필요가 있다"고 말한다. 견지한다니, 이게 무슨 소린가? 뭘 끝까지 '고수'하겠다는 건가? 강간과 살인? 그것은 '끔찍한 고수'다. 나는 우리가 지금 그것을 바꿔야 한다고 생각한다.

내 생각에는, 우리 군인들의 군복을 국기와 '맨 스카우트 배지' 대신 차라리 나스카(NASCAR) 자동차 경주 대회 운전자들처럼 기업 로고로 도배하는 것이 바람직하다. 전쟁의 검은 이면을 드러내고 무분별한 애국심과 헛된 영웅심을 조장하지 말아야 한다. 핼리버턴 로고는 여기에, 정유 회사 엑손(Exxon) 로고는 저기에. 또 버틀러 장군이 말한 것처럼, 전쟁 중에는 전시 부당이득을 취하는 기업의 최고경영자들이 전쟁터의 병사들과 같은 보수만 받아야 한다.

그리고 당연한 소리지만, 전쟁을 끝내려면 부당이득 취득자들과 정치인들과 장성들이 우리 아이들을 부당이득 취득 전쟁에 내보내기 전에 자기네 자식부터 의무적으로 그곳에 보내도록 해야 한다.

미국은 베트남 전쟁의 교훈을 잊었다. 영관(領官) 이상의 장교들은 누구도 자기 자식을 그 전쟁 범죄에 가담조차 시키지 않았다. 불문율 같은 이 관행이 반복되지 않도록 하는 것은 우리 세대의 전쟁 희생자들에게 남겨진 과제다. 우리 아이들을 전쟁 범죄에 가담시킨 자들에게 절대 면죄부를 주어서는 안 된다. 부시 일당은 인도주의와 평화에 반하는 중죄를 저지른 벌로 연방 교도소에 가둬야 할 자들이다.

우리는 부조리하게 전쟁을 벌여 무고한 사람들을 죽이는 지도자들에게 책임을 묻고 있는가? 우리에게는 낯선 듯도 한 일이지만 이제 그렇게 해야 한다.

버틀러 장군은 책에서 전쟁과 군산복합체의 실체를 폭로하고 있다. 이 책은 교실에서, 도서관에서, 가정에서, 그리고 아이들이 '제국주의'에 희생당할 위험이 있는 모든 곳에서 읽혀야 한다. 오늘날 너무나 많은 곳이 그러하다. '병역(군 복무)'이 통치 권력의 '새로운 일자리 사업'이 된 듯하다.

2010년 8월

신디 시한*

---

* 미국의 반전운동가 겸 작가. 2012년 대선에서 평화자유당의 부통령 후보.

베트남 전쟁 중에 "월스트리트는 워스트리트다(Wall Street Is War Street)"라고 적힌 현수막을 들고 월스트리트에서 반전 시위를 벌이고 있는 아나키스트 예술가 단체 블랙 마스크(Black Mask) 단원들. Photo by Larry Fink, 1967.

번/역/자/서/문

반전주의자가 된 전쟁 영웅

전쟁은 부조리하고 추악하기 그지없어서
전쟁을 벌이는 자들은 자기 안에서 나오는
양심의 목소리에 총질을 해야 한다.

레오 톨스토이

모든 전쟁은 내전이다.
모든 인간이 형제이기 때문이다.

프랑수아 페넬롱

대위 스메들리 버틀러, 1903.

스메들리 달링턴 버틀러(1881. 7. 30~1940. 6. 21)는 미국의 전설적인 해병이자 퇴역 후 평화운동을 주도한 반전주의자다.

해병으로 복무한 34년 동안 동양의 필리핀과 중국에서, 바나나 전쟁 때는 중앙아메리카와 카리브해에서, 제1차 세계대전(1914~1918) 때는 프랑스에서 군사 작전을 수행했다. 무려 121회의 전투에 참여했고 큰 부상을 두 차례나 입었다. 그러면서 미국 해병대 역사상 가장 많은 훈장을 받았다. 퇴역하기 전까지 모두 16개의 훈장을 받았으며 그 가운데 5개는 무공 훈장이다. 미국 군 역사상 해병대 최고 훈장인 '브레빗 훈장'과 두 개의 의회 '명예 훈장'을 수훈한 유일한 인물이기도 하다.

한편, 그는 스페인-미국 전쟁(1898) 때부터 시작된 미국의 군사적 모험주의와 간섭주의에 대한 거침없는 비판가이면서 평화주의자였다. 퇴역을 즈음하여 그는 자신의 과거, 조국과 세계의 변화를 회고하고 통찰하며 열정적인 반전 연설과 평화 활동을 펼치기 시작했다.

전쟁에 휩쓸려 해병대에 뛰어들다

버틀러는 1881년 7월 30일 펜실베이니아 주 웨스트체스터에서 3형제 중 맏이로 태어났다. 부모는 모두 퀘이커교 집안 출신이었고, 아버지 토머스 스토커 버틀러(1855~1928)는 변호사이자 판사였으며 1897년부터 1928년까지 31년간 16선을 하며 펜실베이니아 주 공화당 하원의원을 지냈다(마지막 임기 중 갑자기 운명했다). 외조부는 1887년부터 1891년까지 펜실베이니아 주 공화당 하원의원으로 활동한 스메들리 달링턴(1827~1899)이다.

명문 고등학교인 헤이버퍼드 스쿨을 다니다가 1898년 2월 16일 군함 메인 호가 스페인의 공격으로 침몰하자 불과 열여섯 살에 전쟁에 참여하기 위해 해병대에 자원입대했다. 스페인과의 전쟁 열기가 뜨거울 때 워싱턴 D.C.에서 신병 훈련을 마친 후 5월 20일 소위로 임관해 7월에 쿠바의 관타나모만(灣)으로 파견됐다. 하지만 8월에 미국의 승리로 전쟁이 금방 끝나면서 전투 경험 없이 귀국했다. 군함에 배속돼 4개월간 근무하다가 1899년 2월에 제대했지만 4월에 다시 해병대 중위로 임관했다.

그리고 곧바로 스페인-미국 전쟁의 성과로 미국령이 된 필리핀의 마닐라로 파견됐다. 그곳에서 주둔지 수비를 하다가 300명의 해병대원을 이끌고 처음으로 반군을 진압하는 전투를 수행해 승리했다.

1900년 6월에는 의화단 운동을 진압하기 위해 중국

(청)으로 파견됐다. 톈진에 배치된 그는 7월에 톈진 전투에 참가했다. 이 전투에서 부상당한 동료 장교를 구하다가 자신도 허벅지에 심한 총상을 입었는데, 그럼에도 불구하고 불굴의 의지로 다친 동료를 무사히 구해냈다. 병원에 입원해 있던 중에 그 공로로 대위로 진급했다. 당시 열여덟 살이었다.

부상에서 회복된 후에는 베이징 원정에 참가했다. 적진에서 영국 군인을 구출하는 작전을 벌이다가 가슴에 총상을 입었지만 임무를 완수했다. 20세 미만이라 영국에서 주는 훈장은 받지 못했지만, 중국에서의 전과를 인정받아 해병대 최고 훈장인 '브레빗 훈장'을 받았다. 1901년 1월 치통과 장티푸스 때문에 본국으로 후송됐다.

'일방적인' 바나나 전쟁 속으로

버틀러는 파나마, 온두라스, 니카라과, 멕시코, 아이티, 도미니카공화국 같은 중앙아메리카와 카리브해 국가들에서 미국이 벌인 점령 및 내정 간섭 작전에도 참가했다. 흔히 '바나나 전쟁'(1898~1934)이라 불리는 이들 작전의 목적은 플랜테이션으로 열대 과일을 재배해서 수출하는 유나이티드 프루트 컴퍼니(United Fruit Company) 같은 미국

오른손에는 큰 방망이를 들고 왼손에는 긴 군함 행렬을 끌며 카리브해를 누비는 시어도어 루스벨트(1858~1919) 대통령. Cartoon by William Allen Rogers, 1904.

영리 기업들을 보호하는 것이었다. 미국은 이 지역에서의 영향력과 파나마 운하 통제권을 유지하면서 정치적 이득까지 챙기려고 했다. 이러한 간섭 행위는 1898년 스페인-미국 전쟁으로 시작해 1934년 프랭클린 델러노 루스벨트(1882~1945) 대통령의 선린 외교 정책과 아이티로부터의 철군으로 끝났다.

나중에 퇴역 후 버틀러는 카리브해에서의 기업 활동을 강력하게 비판했다. 또 미국 기업들과 월스트리트 은행들이 자기네 이권을 위해 미국의 외교 정책을 좌지우지한 것도 비난했다.

1903년 버틀러는 쿨레브라 섬의 푸에르토리코에 배치됐다. 온두라스에 반란이 일어났다는 첩보에 따라 미국 정부는 그에게 온두라스의 질서를 유지하고 미국 영사관을 보호하라는 명령을 내렸다. 그는 해병대와 해군 파견부대를 이끌고 가서 반군과 전투를 벌여 영사를 구출해 냈다. 이 원정에서 그는 열병을 앓아 고생하기도 했으나 탁월한 지휘력 덕분에 '노련한 송곳눈(Old Gimlet Eye)'이라는 별명을 얻었다. 온두라스는 '유나이티드 프루트 컴퍼니'와 '스탠더드 프루트 컴퍼니'의 바나나 생산 거점이었다. 그래서 미국은 1903년부터 1925년까지 모두 7번에 걸쳐 온두라스에 군대를 투입했다.

온두라스 작전을 마친 후 버틀러는 필라델피아로 돌아와 1905년 6월 30일에 에설 콘웨이 피터스(1879~1962)와 결혼했다. 그들은 딸 하나, 아들 둘을 낳았다.

버틀러는 결혼 후 다시 필리핀 주둔지로 파견됐으나 1908년 초에 가료를 위해 귀국했다. 얼마간 집에서 휴식을 취한 후 해병대로 복귀해 5월에 소령으로 진급했다.

1909년부터 1912년까지는 니카라과에서 근무하며 파나마 지협의 질서를 유지하고 반군이 들끓는 도시 그라나

다를 평정했다. 니카라과는 미국으로부터 잦은 공격을 받다가 공식적으로는 1912년부터 1933년까지 지배를 당했다. 미국에 대공황이 발생해 반군에 맞서 점령을 유지할 여력이 없자 1933년에 군대가 철수한 것이다. 미국이 니카라과를 점령한 이유는 니카라과 운하 건설을 막기 위해서였다. 그래야만 파나마 운하 운영권을 쥔 미국의 이권이 보호될 수 있었다. 파나마 운하 운영권은 1999년 12월 31일 파나마로 이양됐고, 현재 니카라과는 파나마 운하보다 규모가 큰 니카라과 운하를 건설하고 있다.

1914년에는 멕시코에 무력을 행사하고 베라크루스를 점령하는 작전을 성공적으로 수행해 첫 번째 '명예 훈장'을 수훈했다. 미국이 바나나 전쟁 기간 중에 멕시코에 대해 군사적 개입을 한 것은 다른 곳과 비슷한 경제적, 정치적 이유 때문이었지만 다른 특별한 이유도 있었다. 미국이 1910년부터 1919년까지 멕시코와 국경 전쟁을 벌인 것은 혁명 과도기의 멕시코로부터 이민자와 난민이 유입되는 것을 차단하고 미국 영토에 대한 멕시코 반군의 공격을 막기 위해서였다. 그런데 1914년에 미국이 베라크루스를 점령한 것은 국경 문제 때문이 아니라 군사적 영향력을 과시하고 독일에 대한 멕시코 정부의 군수 지원을 차단하기 위해서였다. 제1차 세계대전을 치르는 독일은 미국을

1915년 아이티에서의 작전을 성공적으로 수행해 명예 훈장을 받은 해병 3명의 활동을 묘사한 그림(가운데 인물이 버틀러). Painting by Donna J. Neary.

견제하기 위해 멕시코를 이용했고, 그래서 미국은 멕시코를 1914년, 1916~1917년 두 차례에 걸쳐 점령하게 됐다.

 1915년에는 미국령 아이티에서 반군이 득세하자 그곳으로 파견됐다. 심야 기습 작전으로 적의 본거지를 일망타진함으로써 두 번째 '명예 훈장'을 수훈했다. 그리고 혼란에 빠진 아이티의 사회 질서를 바로잡고 공공 제도와 시설을 정비해 유능한 행정가로서의 면모도 보였다. 1916년 8월 중령으로 진급했다. 1911년부터 1915년까지 내란이 끊이지 않은 아이티는 1915년부터 1934년까지 미국에 점령당했다. 미국은 1917년 새로운 아이티 헌법을 제정해 비(非)아이티인의 토지 소유를 가능하게 했다. 미국이 아이티를 점령한 주된 이유는 경제적 목적 때문이었다. 소수의 독일인들이 아이티 경제의 80퍼센트를 주무르는 상황에서 '뉴욕 내셔널 시티 뱅크'의 진출을 돕고 반미 세력을 제거해 '아이티언 아메리칸 슈거 컴퍼니' 같은 기업들을 보호하고자 했던 것이다.

'노련한 깔판'에서 치안감으로

1918년 7월 대령으로 진급한 데 이어 10월에는 서른일곱에 준장으로 임관했다. 제1차 세계대전 때 그로서는 섭섭하게도 치열한 서부전선 전투에 참가하지 못했다. 상관들이 그의 용맹과 지략은 인정하면서도 늘 입바른 소리를 하는 그를 견제했기 때문이다. 대신 준장으로 진급한 후 프랑스 서쪽 브레스트에 위치한 미군 상륙 기지의 지휘관으로 파견됐다. 그곳에서 미군의 작전을 지휘하며 특히 열악한 기지 환경을 개혁하는 데 많은 노력을 기울였다. 쓸모없는 목조 선창을 해체해 거기서 나온 나무판자로 직접 진흙투성이 참호 바닥을 덮어 많은 찬사를 받았다. 이때 얻은 별명이 바로 '노련한 깔판(Old Duckboard)'이다.

세계대전 종전 후에는 1919년 귀국해서 버지니아 주 콴티코 해병대 기지 책임자로 활동했다. 특히 선구적 안목으로 해병대 장교 교육대에 야전장교 과정(1920)과 위관장교 과정(1921)을 설치하는 공을 세웠다.

1924년 버틀러 아버지의 권유로 출마했다가 필라델피아 시장으로 선출된 W. 프리랜드 켄드릭(1873~1953)이 버틀러에게 해병대를 떠나 시의 보안과 소방을 책임지는 치안감으로 와줄 것을 요청했다. 하지만 필라델피아 시 정부의 부정부패가 심하다는 것을 알고 버틀러는 거절했다. 그러자 켄드릭은 켈빈 쿨리지(1872~1933) 대통령에게 중재를 요청했다. 이에 쿨리지 대통령이 버틀러에게 연락해 해병대에서 퇴역하지 않고 필요한 기간 동안 임시로 자리를 비워도 좋다고 허락했다. 대통령의 재가에 따라 버틀러는 1924년 1월에 시 치안감을 맡았다.

부임하자마자 그는 시 경찰 4,000명 전원을 메트로폴리탄 오페라 하우스에 집결시켜 자신을 소개하고 자신이 치안감으로 있는 동안 적잖은 변화가 있을 것임을 알렸다. 그리고 곧바로 부패한 경찰관들을 갈아치웠다. 폭력단 갈취나 부당이득 편취 등을 조사해 시 경찰들을 구역 단위로 통째로 자리 이동시키기도 했다. 또 부임한 지 이틀도 안 돼 기동타격대를 조직해서 900여 개의 주류 밀매점과

불법 주류 단속으로 압수한 맥주통을 스퀼킬 강가에서 도끼로 부수고 있는 필라델피아 치안감 스메들리 버틀러. Photo by Underwood & Underwood, 1924.

무허가 주점을 대대적으로 단속했다(당시는 금주법 시대였다). 폐쇄를 명령했지만 대부분 철거됐다. 그리고 도박, 매춘, 경찰 부패 같은 각종 불법 행위도 근절하려 노력했다.

6개월이 지난 무렵 그의 행보가 해병대 식이라 너무 공격적이고 시민권을 침해한다는 여론이 일자 1년 임기 후 해병대로 돌아가려고 했지만 지지자 수천 명의 반대 집회와 대통령의 재가로 1년 더 연장해 1925년 12월까지 치안감으로 계속 활동했다. 1년 더 연장하려고도 했으나 시장 및 주요 공직자들과 관계가 나빠지고 대통령이 허락하지 않아 사임했다. 그는 나중에 이렇게 회고했다.

"필라델피아 정화 작전은 내가 겪어 본 어느 전투보다 고역이었다."

한 잡지에서는 필라델피아 폭력배들에 대한 버틀러의 군대식 처방을 이렇게 전했다.

버틀러 장군의 철권 통치

용기는 힘이다. 확고부동한 목적 또한 힘이다. 필라델피아의 폭력배와 주류 밀매업자들이 "지옥에서 온 악마 버틀러"의 완력을 피해 줄행랑을 놓은 것에서 그것을 알 수 있다. 누구든 소설 속에서 위대한 영웅들을 봤겠지만 그들이 모두 위대한 영웅은 아니다. 그들 중 일부는 그저 평범한 주

인공이었다. 모험을 찾아다니는 기사, 승부사, 풍운아 정도였다. 그래도 그들을 추앙하고 그들의 행동에 전율하고 그들을 닮고 싶어 하는 사람들이 있다.

그들 중 한 명을 만나보고 싶은 생각이 있는가? 필라델피아 사람들에게 그런 기회가 찾아왔다. 그렇다, 그는 바로 미국 해병대 스메들리 버틀러 준장이다. 그는 최근에 우리 시의 치안감으로 부임했다.

—《스트렝스(Strength)》(1924. 3.)

최연소로 소장에 올랐으나 해병대를 떠나다

1927년부터 1929년까지는 해병대 중국 파견부대의 지휘관으로 있으면서 정치계, 군사계 주요 인사들에게 영향력을 행사해 미국 기업들을 보호했다. 1929년 말에는 귀국해서 마흔여덟에 소장으로 진급했다. 당시 소장은 해병대 최고 계급이었고, 버틀러는 해병대 역사상 최연소로 소장이 됐다.

제2차 세계대전(1939~1945) 전에 미국 내에서는 이탈리아 파시즘에 대한 추종이 있었다. 1934년 7월에 발간된 잡지 《포춘》에 이탈리아 협동조합주의를 찬양하는 글이 실리기도 했다. 파시즘을 증오한 버틀러는 1931년 한

중국 상하이에 위치한 해병대 기지 주변 거리를 걷는 준장 스메들리 버틀러(왼쪽).
Photo by International Newsreel, 1927.

공개석상의 연설에서 이탈리아 총리 베니토 무솔리니(1883~1945)에 관한 소문을 언급했다. 무솔리니가 자동차로 어린아이를 치고 뺑소니를 쳤다는 풍문이었다. 버틀러 왈, 전하는 바에 따르면 무솔리니는 자신의 차로 한 아이를 치고 그대로 밀고 나가면서 이렇게 말했다고 한다.

"그저 한 목숨일 뿐이다. 나랏일이 우선이지 목숨 하나 따위가 뭔 대수랴."

이 발언이 있은 후 무솔리니가 강력하게 부인하면서 미국 정계에 큰 파장이 일었다. 당시 미국과 우호적인 관계였던 이탈리아 정부가 강하게 항의하자, 버틀러를 무척이나 싫어했던 허버트 후버(1874~1964) 대통령이 해군부 장관에게 지시해 그를 군사법정에 세우게 했다. 그래서 버틀러는 시민전쟁(1861~1865, 남북전쟁) 이후 헌병에 체포된 첫 장성이 됐다. 하지만 버틀러에 호의적인 여론이 일자, 버틀러가 해군부 장관에게 사과의 뜻을 밝히고 견책을 받는 선에서 마무리됐다. 이후 해병대 사령관 인사에서 밀려나 퇴역을 결심했다. 버틀러는 우익 성향의 잡지《리버티(Liberty)》에서 정치적 야합이나 일삼는 해군 수뇌부 장성들을 강하게 비난했다.

"빌어먹을 책상물림들! 내가 오십에 퇴역할 줄이야."

1931년 10월 1일부로 그는 34년간의 해병대 생활을

군사 법정에 출석한 소장 스메들리 버틀러. 1931.

마감하고 현역을 떠났다.

버틀러는 퇴역하기 전에 장차 할 일을 준비했다. 1931년 5월 오리건 주지사가 설치한 위원회의 위원으로 위촉됐다. 그 위원회는 오리건 주 경찰을 지원했다. 그는 풀타임 위원으로 활동하면서 주로 행사나 회의에서 연설을 했다. 수익금은 대부분 필라델피아 실업자 구제에 기부했다.

1932년 3월에는 펜실베이니아 주 상원의원 후보로 출마해 선전을 펼쳤으나 현역 상원의원에게 패하고 말았다.

조국에 기만당한 '상여금 부대'와 함께

상원의원 선거 운동을 하면서 버틀러는 참전군인 상여금에 대해 설득력 있는 목소리를 냈다.

제1차 세계대전 참전군인들은 대공황 이전부터 대부분 직업이 없었다. 참전하느라 직장을 떠났다가 돌아와보니 자기 자리는 이미 다른 사람이 차지해 버렸고 경기 침체로 새로운 일자리도 없었기 때문이다.

1924년 5월 15일 캘빈 쿨리지 대통령은 제1차 세계대전 참전군인들에게 상여금을 지급하는 법안에 거부권을 행사하며 이렇게 말했다.

"보상을 바라는 애국심은 애국심이 아니다."

하지만 며칠 후 의회는 대통령의 거부권을 무시하고 '세계대전 보상조정법'을 의결했다.

366만 2374장의 복무 증서가 발급됐고 액면가 총액은 36억 3800만 달러(2010년 환산 약 450억 달러)에 달했다. 적격한 참전군인에게 20년 만기 복무 증서를 발급하고 개인별 일정 금액에 복리 이자를 더해 지급하기로 되어 있었다. 국내 복무자는 일당 1달러 최고 500달러, 해외 복무자는 일당 1.25달러 최고 625달러로 제한됐고, 50달러 이하는 즉시 현금으로 지급됐다.

증서는 유가증권과 같은 효력이 있어 담보로 사용할 수도 있었다. 의회는 신탁기금을 설치했고 증서 소유자는 액면가의 22.5퍼센트까지 담보 대출을 할 수 있었다. 그런데 더스트볼*과 대공황으로 인한 고통이 심해진 1931년이 되자 의회가 담보 대출 상한액을 액면가의 50퍼센트까지 높였다. 의회 내에서는 즉각적인 현금 지급을 지지하는 움직임도 있었지만 후버 대통령과 공화당 의원들이 반대했다. 즉각적인 현금 지급을 하자면 세수를 늘려야 하는데, 그러면 경기 회복이 둔화된다는 것이 이유였다.

---

* Dust Bowl, 모래바람이 휘몰아치는 미국 대초원의 서부 지대. 매년 12월부터 다음 해 5월에 걸쳐 일어나는 먼지 폭풍 때문에 피해가 크다. 1930년부터 1936년까지 7년간 극심한 가뭄 때문에 주민들이 대이동을 하기도 했다.

버틀러가 참여한 '해외 전쟁 참전군인회(VFW)'가 연방정부를 지속적으로 압박하며 상여금 조기 지급을 요구했다. 그는 '상여금 행진자'들을 지원한 최고의 후원자였다. 계급에 상관없이 군인들에게 공평하게 대하기로 유명한 버틀러가 '상여금 행진자'들을 지원함으로써 사병 및 하사관 출신들의 절박한 운동이 힘을 얻었다. 그는 '병사들의 장군'으로 불리기도 했다.

대공황기에 그는 언론과 '대기업'(대자본가)을 비판하며 대중으로부터 큰 호응을 얻었는데, 대기업들은 50만 참전군인들이 버틀러를 지지하는 것에 특히 주목했다. 경계해야 할 눈엣가시이면서 이용할 만한 대상이기도 했던 것이다. 루스벨트 대통령의 뉴딜 정책과 금본위제 폐지 등에 반대하는 것은 그들로서도 반가운 일이었다. 하지만 버틀러의 입장은 명확했다.

"나는 (정부가 아니라) 월스트리트(즉 부유한 기업과 자본가들/옮긴이)에서 상여금을 지급하게 해야 한다고 생각한다.…… 월스트리트를 압박하고 뒤흔들어야 한다."

1932년 1월 '키잡이 부대(Cox's Army)'라고 불리는 펜실베이니아 참전군인 실업자 2만 5000명이 워싱턴 D.C.에서 행진을 벌였다. 당시로서는 미국의 수도에서 일어난 역대 최대 규모의 시위였다.

상여금 조기 지급을 요구하며 국회의사당 앞에서 행진하는 제1차 세계대전 참전군인들.
Photo by Associated Press, 1932.

1932년 6월에는 1만 7000명의 제1차 세계대전 참전 군인과 그들의 가족 및 관련 단체를 포함해 약 4만 3000 명이 워싱턴 D.C.에 모여 행진을 하며 상여금 즉시 지급을 요구하는 시위를 벌였다. 일명 '상여금 부대(Bonus Army)'라고도 알려진 이 '상여금 행진자'들은 의회가 산회를 한 후에도 그대로 남았다. 행진 주최측은 제1차 세계대전 당시의 '미국 파견군'을 빗대 자칭 "상여금 파견군"이라고 불렀고 언론에서는 "상여금 행진자"라고 일컬었다. 이들을 이끈 사람은 육군 하사관 출신의 참전군인 월터 W. 워터스(1898~1959)였다.

    6월 15일 라이트 팻맨(1893~1976) 의원이 발의한 상여금 조기 지급안이 하원을 통과했다. 참전군인들은 애너코스티아 강 둔치에 농성장을 마련하고 상원의 결정을 기다렸다. 6월 17일 상여금 부대가 국회의사당 앞에 집결했다. 하지만 상원에서 상여금 조기 지급안이 부결되고 말았다. 그들은 농성장을 지키며 후버 대통령의 조치를 기다렸다.

    버틀러와 그의 아들이 후버 대통령의 시위대 축출 지시가 있기 전날 그곳을 찾았다. 그는 그들과 함께 지내며 말했다. 기업들처럼 의회에 로비를 해야 할 뿐만 아니라, 유머감각을 잃지 말고 대중의 반감도 사지 말라고.

    7월 28일 후버 대통령의 지시를 받은 법무장관 윌리엄

상여금 부대를 해산하기 위해 시위대와 맞붙은 워싱턴 경찰들. Photo by Associated Press, 1932.

D. 미첼(1874~1955)이 워싱턴 경찰에 '상여금 부대'를 해산하라는 명령을 내렸다. 경찰이 시위대를 진압하는 과정에서 발포를 해 참전군인 2명이 사망했다. 시위대가 흥분했다. FBI는 경찰 기록을 확보해 지문 대조를 하며 '폭동' 가담자를 확인했다. 경찰의 발포 소식을 들은 후버 대통령은 육군에 연락해 농성장을 깨끗이 철거하라고 명령했다.

그날 오후 육군참모총장 더글러스 맥아더(1880~1964)

맥아더 장군의 지시로 패튼 장군이 시내로 끌고온 탱크. Photo by Acme Newspictures, inc., 1932.

대장이 이끄는 보병 연대와 기병 연대가 시내에 집결했다. 조지 스미스 패튼(1885~1945) 소장은 탱크 6대를 끌고와 맥아더 장군을 지원했다. 시내와 농성장의 상여금 행진자들은 그들이 그저 시가 행진을 하는가 보다라고 생각했다. 하지만 맥아더 장군의 지시를 받은 패튼 장군이 기병대에 공격 명령을 내렸다. 퇴근 무렵 거리로 나온 시민들이 "그만해, 무슨 짓이야!"라고 소리를 질렀지만 아무 소용이 없

(왼쪽 사진) 상여금 부대 해산 작전을 지휘하며 미소를 짓고 있는 맥아더(가운데) 장군과 아이젠하워(맥아더 오른쪽) 대령. Photo by United Press International, 1932.
(오른쪽 사진) 방독면을 쓰고 총검을 든 보병들이 최루탄을 쏘며 상여금 부대를 공격하고 있다. Photo by Associated Press, 1932.

었다.

기병대의 공격이 있은 후에 대검을 소총에 꽂은 보병들이 최루탄을 쏘며 농성장으로 진입해 무차별 공격을 퍼부었다. 발포는 없었지만 최루탄 공격을 받은 석 달 된 유아를 비롯해 4명이 사망하고 1,000여 명의 부상자가 발생했다. 군인들은 상여금 부대를 해산한 후 농성장의 거처와

군인들의 방화로 불타고 있는 상여금 부대의 농성장 거처. Photo by Associated Press, 1932.

가재도구를 모두 불태워버렸다. 시위대 해산 보고를 받은 후버 대통령이 공격 중지 명령을 내렸지만 맥아더 장군은 그들에게 정부를 전복하려는 의도가 있다고 판단해 2차 공격까지 감행했다.

이 군사 작전에 참여한 맥아더 장군의 참모 중에는 나

중에 제34대 미국 대통령이 된 드와이트 D. 아이젠하워 (1890~1969) 대령도 있었다. 그는 훗날 동료 전우들을 공격한 것이 큰 잘못이었다고 밝히기는 했지만 당시 육군 공식 보고서에는 맥아더 장군의 행동을 추앙하는 기록을 남겼다.

후버 대통령은 이 사건 때문에 재선에 실패하고 프랭클린 델러노 루스벨트에게 정권을 넘겨주고 말았다. 그렇다고 루스벨트 대통령이 참전군인들의 요구를 수용한 것은 아니다. 그는 명확하게 반대했다. 1933년 5월에 소규모 2차 시위가 발생하자 그는 버지니아 주에 농성장을 마련해 주고 하루 세 끼까지 제공했다. 그러고는 언론인 출신 측근인 루이스 M. 하우(1871~1936)가 이끄는 정부 각료들을 보내 협상을 시도했다. 또 부인 엘리너 루스벨트 (1884~1962)를 보좌관 없이 보내 참전군인들과 점심을 함께 하며 환담을 나누도록 했다. 그녀는 상여금 지급 대신 일자리를 제안했다. 그들에게 새로 창설될 시민자치경찰 (CCC) 조직에 자리를 만들어 주겠다고 했다. 그러자 한 참전군인이 말했다.

"후버는 군대를 보냈고 루스벨트는 마누라를 보냈다."

나중에 루스벨트 대통령은 25세 미만 미혼인 남자만 지원할 수 있는 2만 5000명 규모의 시민자치경찰 설립을 지시했다.

이런 조치 이후에도 버틀러와 참전군인들의 상여금 조기 지급 요구는 끊이지 않았다. 그러다 1936년 드디어 의회는 루스벨트 대통령의 거부권에도 불구하고 20억 달러의 세계대전 상여금을 즉시 지급하도록 하는 '보상 지급 조정안'을 의결했다.

반전 평화주의 연설가로 전국을 누비다

현역으로 있으면서 더 이상 "자본주의의 앞잡이" 노릇을 하고 싶지 않았던 버틀러는 퇴역 후 미국의 제국주의적 행위에 맞서 미국 헌법상의 기본 원칙을 널리 전파하는 연설가로 변신했다. 1930년대에 그는 미국 700여 개 도시를 돌며 1,200여 회의 연설을 했다. 그는 기업들의 전시 부당이득 취득, 미국의 군사적 모험주의, 미국에서 생겨나기 시작한 파시즘에 반대하는 거리낌없는 연설로 전국적인 명성과 지지를 얻었다.

진주만 공격이 있기 전에 세상을 떠난 그는 유비무환의 정신으로 미국이 "들쥐 한 마리도 기어 들어올 수 없는 철통 방어를 구축해야 한다"고 말했다. 궁극적으로 그는 미국의 군사적 모험주의, 즉 침략적 공격이 아닌 '방

10년 전 치안감을 지낸 필라델피아에서 연설하고 있는 버틀러. 1935.

어'를 지향했다. "나는 평화주의자이면서 군사적 평화주의자이기도 하다. 나는 평화를 위해서라면 기꺼이 싸우겠다. 사람들이 스스로 전쟁하기를 거부하지 않는 한 전쟁은 절대로 끝나지 않는다"고 말한 알베르트 아인슈타인(1879~1955)과 비슷한 생각을 지니고 있었다.

그는 '미국 반전 반파시스트 연맹(ALAWF)'에서 많은 연설을 했다. 1935년부터 1937년까지 이 연맹의 대변인으로 활동하기도 했다. 그리고 미국공산당 당원이 아니면서 공산당 대회에서도 많은 연설을 했다. 공산당원이 되어 달라는 요청을 받을 때마다 그는 이렇게 대답했다.

"공산당원이 돼서 뭐하게요!"

1933년 12월 그는 공화당원인 제임스 에드워드 밴 잰트(1898~1986)와 함께 전국을 순회하며 '해외 전쟁 참전군인회' 회원을 모집했다. 그들은 "참전군인들을 교육해 착취 계급으로부터 벗어나게 하려고" 노력했다. 연설에서 버틀러는 1933년 경제법을 비판하고, 참전군인들에게 본전이라도 챙기려면 정치적으로 힘을 모을 것을 주문하고, 대기업과 밀착한 루스벨트 대통령 정부를 비난했다.

'해외 전쟁 참전군인회'는 버틀러의 연설 가운데 하나를 회보 《해외 참전(Foreign Service)》에 "여러분은 분노해야 한다"라는 제목으로 발표했다. 거기서 그는 재차 강조했다.

"월스트리트를 압박하고 뒤흔들어야 한다."

그는 미국재향군인회가 은행가들의 손아귀에서 놀아나고 있다고 믿었다. 1933년 12월 8일에 한 연설에서 그는 참전군인들의 권익을 미국재향군인회보다는 '해외 전쟁 참전군인회'가 더 잘 보호할 수 있는 이유를 설명하면서 이렇게 말했다.

"내가 알기로 지금까지 미국재향군인회 회장치고 참전군인의 권익을 팔아먹지 않은 자가 없습니다. 절대 허언이 아닙니다."

『전쟁은 사기다』를 출간하다

1935년 버틀러는 미국 기업들의 전시 부당이득 취득에 관한 신랄한 비판을 담은 『전쟁은 사기다』를 출간했다. 1930년대 초 전국을 누비며 한 연설을 보강해서 펴낸 이 책에서 그는 무척이나 솔직하게 자신의 생각과 경험을 밝히고, 애국심과 영웅심으로 포장된 전쟁의 추악한 이면을 고발해 뜨거운 찬사와 차가운 비난을 함께 받았다.

미국을 대표하는 반전 문학으로 손꼽히는 이 짧은 에세이는 지금도 베스트셀러이자 스테디셀러로, 교양서이자 교육서로 널리 읽히고 있으며, 스페인-미국 전쟁 이후 사실상 비간섭주의를 포기한 미국의 군사적 침략이 있을 때마다 그것을 비판하는 중요한 준거 자료로 거론되고 있다.

특히 이 책은 군산복합체(軍産複合體)의 실체를 처음으로 밝혔다. '군산복합체'라는 용어는 1961년 아이젠하워 대통령의 퇴임 연설에서 비롯됐지만 버틀러는 이미 한 세대 전에 선구적으로 군산복합체의 적나라한 모습을 만천하에 드러냈다.

자본주의 기업들의 전시 부당이득 취득에 관한 그의 관점은 1935년 11월에 발행된 사회주의 잡지 《커먼 센스(Common Sense)》에 실린 글에 다음과 같이 잘 요약되어 있다(그가 1933년에 한 연설의 일부이기도 하다).

나는 무엇보다 해안선에서의 적절한 방어가 옳다고 본다. 다른 나라가 싸우러 오면 당연히 우리도 싸우면 된다. 그런데 미국은 이런 문제를 지니고 있다. 기업들이 우리나라 안에서는 이득을 6퍼센트밖에 올리지 못하자 외국으로 진출해 100퍼센트의 이득을 올리려고 한다. 그러면 정부가 기업을 따르게 되고 군인은 정부를 따르게 된다.

나는 다시는 은행의 비열한 투자를 보호하는 전쟁 따위에 참여하지 않을 것이다. 우리가 싸워야 하는 경우는 딱 두 가지밖에 없다. 하나는 조국을 지키기 위한 전쟁이고, 다른 하나는 헌법상의 기본 원칙을 지키기 위한 전쟁이다. 다른 이유로 벌이는 전쟁은 모두 사기다.

나는 33년 4개월 동안 가장 역동적인 군대인 해병대에서 현역으로 복무했다. 소위부터 소장까지 해병대의 모든 지휘관 계급을 거쳤다. 그런데 나는 그 기간의 대부분을 '빅 비즈니스'(지금의 대기업/옮긴이)와 월스트리트와 은행을 위해 일하는 고위 폭력배로 보냈다. 요컨대 나는 자본주의를 위해 일한 사기꾼이자 폭력배였다.

나는 그 시절 내가 사기꾼이 아닌지 의문이 들었다. 물론 지금은 그때 내가 사기꾼이었다는 것을 확실히 알고 있다. 모든 직업 군인들처럼 나도 현역을 떠나기 전까지는 자신만의 생각을 제대로 갖지 못했다. 상부의 지시에 복종하는 동안 내 정신 능력이 정체되어 있었다. 이것은 모든 현역 직업 군인들의 전형적인 모습이다.

1914년에 멕시코, 특히 탐피코 지역을 미국 정유사들에게 안전한 곳으로 만드는 데 일조했다. 또 아이티와 쿠바를 내셔널 시티 은행이 짭짤한 수익을 올리기에 적합한 곳으로 만드는 데 일조하기도 했다. 뿐만 아니라 월스트리트 자본가들의 이익을 위해 중앙아메리카의 여섯 개 나라를 침략하기도 했다. 나는 1909년부터 1912년까지 브라운 브라더스의 다국적 은행을 위해 니카라과를 길들이는 데 일조하기도 했다. 1916년에는 미국 설탕 제조사를 위해 도미니카공화국에 총구를 들이댔다. 1903년에는 온두라스를 미국 과일 회사들에게 유리한 곳으로 만들었다. 1927년 중국에서는 미국 정유사 스탠더드 오일의 순탄한 진출을 도왔다.

돌아보면, 내가 알 카포네(1899~1947, 갱 두목/옮긴이)에게 몇 가지 힌트를 줬는지도 모르겠다. 그가 3개 구역(시카고 내/옮긴이)을 누비며 사기를 쳤다면, 나는 3개 대륙을 누비며 사기를 쳤다.

미국 인디언, 필리핀인, 멕시코인에 대한 우리의 약취는 칭기즈 칸(1162~1227)과 일본인들이 만주에서 벌인 군사 행위나, 무솔리니의 아프리카 공격과 다를 바가 전혀 없다. 그들 중 어느 나라도 우리에게 선전 포고를 하지 않았는데 우리가 먼저 강압적인 제스처를 취했을 뿐이다. 우리의 역사를 보라. 방어를 위한 전쟁은 치른 적이 없지 않은가."

제1차 세계대전 때 중동에서 종군 기자로 이름을 날린 영국의 저명한 언론인 로얼 토머스(1892~1981)는 1931년에 버틀러 평전 『노련한 송곳눈(Old Gimlet Eye)』을 펴냈다. 그는 『전쟁은 사기다』의 《리더스 다이제스트》 판에 부치는 서문에서 이렇게 말했다.

"버틀러 장군이 수많은 해병대 작전에서 자신이 한 역할과 다르긴 하지만 똑같이 치열한 진정성과 애국심으로 연단에 섰다는 것은 그의 정적들도 인정하는 바다.…… 도덕심이 육체적 용기만큼이나 강하다."

사실 버틀러가 중점적으로 다룬 것은 전쟁에 관한 도덕적이고 이데올로기적인 주장이 아니라 실제로 전쟁을 유발하는 요소이다. 그는 전쟁의 결과뿐만 아니라 전쟁을 일으키는 실질적인 요소에 대한 경각심을 불러일으키고자 많은 노력을 기울였다. 그는 전쟁에 내재된 경제적 의미를 공공의 양심을 기준으로 저울질한 최초의 미국인이었다.

책에서 그는 관련자나 관련 기업을 실명으로 하나하나 거론하며 미국의 "군사 조직"이 부유한 미국 기업들의 이득을 위해 어떤 식으로 이용됐는지 자세히 설명한다. 또 전쟁 지지자들이 대중에게 전쟁의 당위성을 납득시키기 위해 신(하느님)을 이용한다는 사실도 밝힌다. 그들은 참전 행위를 자유민주주의 수호를 위한 성스러운 사역으로 미화하면서 군사적 모험에 따르는 경제적 파급 효과는 함구하는 경향이 있다.

버틀러는 전쟁에 대한 자신의 관점을 피력하면서 어느 편도 들지 않는다. 그는 자유주의자다. 하지만 프랭클린 델러노 루스벨트 정부의 정책과 파시즘에 반대한 것은 분명하다. 1935년 그는 어느 참전군인 모임에 참석해 루스벨트 정부가 유럽에서의 국가간 갈등에 개입하려고 하는 것을 우려하며 이렇게 말했다.

"이 나라의 정치 지도자들은 자신의 잘못을 덮기 위해 남의 싸움을 기웃거리고 있습니다."

책에서 버틀러는 군사력을 자국 방어용으로만 제한할 것을 주장하면서 일본 군함이 미국 서부 연안에 출몰할 수 있다는 가정을 한다. 나중에 정말 일본이 진주만을 공격하자 사람들은 버틀러의 이런 언급에 전율했다. 비록 제2차 세계대전 때 미국이 일본의 공격 때문에 끝까지 고립주의를 지켜내지는 못했지만, 전쟁에 내재된 경제적 의미와 제국주의에 관한 버틀러의 관점은 지금도 유효하다.

체제 전복을 모의한 '기업 음모'를 폭로하다

1934년 11월 버틀러는 월스트리트 기업가들이 자신들에게 불리한 정책을 펴는 루스벨트 대통령을 축출하려는 정치적 음모를 꾸미고 있다고 주장했다.* 일련의 주장이 언론을 통해 '기업 음모(Business Plot)'로 알려졌다. 매사추세츠 주 의원 존 W. 매코맥(1891~1980)과 뉴욕 주 의원 새뮤얼 딕스타인(1885~1954)**이 이끄는 하원 특별위원회가 비밀리에 그의 증언을 들었다. 매코맥-딕스타인 위원회는 나중에 '하원 반미 활동 감사 위원회'로 발전했다.

버틀러는 이 위원회 앞에서, 스페인-미국 전쟁 참전 군인이면서 여러 분야 대기업의 임원을 지낸 그레이슨 맬럿-프리보스트 머피(1878~1937)가 운영하는 '그레이슨 M.P. 머피' 사의 자유 공채 영업자 제럴드 P. 맥과이어

---

* 이 사건은 나중에 줄스 아처(1915~2008)의 베스트셀러 논픽션 『백악관 장악 음모(The Plot to Seize the White House)』(1973)의 중심 소재가 됐다.

** 딕스타인이 의원 시절에 소련으로부터 거액을 받으며 간첩 활동을 했다는 사실을 입증하는 문건이 사후에 공개됐다.

루스벨트 대통령을 축출하기 위한 정치적 음모가 모의되고 있다고 폭로하는 버틀러.
Film & Photo by Universal Studios.

가 자신을 포섭하기 위해 한 말을 증언했다. 프레스콧 셸던 부시(1895~1972)[***]를 비롯한 부유한 기업가 일당이 50만 명의 전직 군인과 일반인으로 구성된 가칭 '미국자유연맹(ALL)'을 조직해 파시스트 독재 정권을 수립할 음모를 꾸미고 있다는 것이었다. 그들은 버틀러에게 쿠데타 사병 조직을 이끌어 줄 것을 요청했고 버틀러는 거절했다.

《뉴욕 타임스》는 버틀러가 지인들에게 말하기를, 그

[***] 월스트리트를 주무른 은행가로서 1952년부터 1963년까지 코네티컷 주 상원의원을 지냈다. 제41대 대통령 조지 H. W. 부시(1924~)의 아버지이자 제43대 대통령 조지 W. 부시(1946~)의 할아버지이다.

들은 과거에 국가재건본부(NRA, 대공황 때 설치된 대통령 직속 경제 재건 기구) 본부장을 지낸 육군 준장 출신 휴 S. 존슨(1881~1942) 장군을 독재자로 옹립할 예정이었다고 전했다. 버틀러에 따르면, 맥과이어는 존슨 장군에게 준비 중인 쿠데타 자금이 300만 달러에 달하고 다음 해 워싱턴 D.C.에 50만 병력이 집결할 것이라고 말했다. 하지만 맥과이어와 존슨 장군을 비롯해 연루자로 지목된 모든 이들이 버틀러의 증언을 공개적으로 부정했다. 그들은 버틀러의 이야기에 진실이라고는 눈곱만큼도 없다고 하면서 그저 헛소리이고 지어낸 이야기라고 했다.

매코맥-딕스타인 위원회는 중간 보고에서 버틀러의 발언을 신뢰하기 어렵다고 밝혔다. 그런데 이후에 기소나 추가 조사가 전혀 없었다. 역사가들은 그런 쿠데타가 실제로 기도되었는지조차 의문을 가졌다. 역사가들은 맥과이어가 한 말을 전한 버틀러의 폭로성 증언 이외에 어떤 증거도 논문으로 발표한 것이 없다. 버틀러 평전 『이단아 해병(Maverick Marine)』(1998)을 쓴 한스 슈미트에 따르면, 맥과이어는 당시에 언론에서 "시시껄렁한 사기꾼"으로 취급됐다. 언론들은 한결같이 그 음모를 무시했다. 《뉴욕 타임스》는 사설에서 그 음모를 "어마어마한 뻥"이라고 했다. 그런데 나중에 위원회의 최종 보고서가 공개되자 시사 주간지 《타임》은 이렇게 전했다.

"위원회는 두 달 동안의 조사에서 파시스트의 워싱턴 입성에 관한 버틀러 장군의 이야기가 정말 사실임을 확인했다고 보고하려 했다. 또 청문회 증언에서 전(前) 해병대 소장 버틀러 장군이 이끄는 대규모 파시스트 무리의 워싱턴 입성이 실제로 계획됐음을 입증하는 명확한 증거가 확인됐다는 사실도 밝히려 했다."

하지만 위원회의 최종 보고서는 무슨 이유에서인지 즉시 공개되지 못했다. 위원회는 최종 보고서에서 버틀러가 한 폭로의 상당 부분이 사실임을 인정했다.

"위원회의 공식 활동 마지막 2주 동안, 특정인들이 이 나라에 파시스트 체제를 구축하려 했음을 입증하는 증거들이 수집됐다.…… 그런 시도가 논의되고 계획됐음은 물론이고 심지어 쿠데타 자금 지원자들의 판단에 따라 실제로 실행될 수도 있었다는 것은 명백한 사실이다."

미국의 역사 전문 케이블 채널인 히스토리(History)는 1999년 「역사를 찾아서 : 루스벨트 정권 전복 음모(In Search of History: The Plot To Overthrow FDR)」라는 프로그램에서 이 사건을 매우 심도 있게 보도했다.

대공황 시절 미국 정부를 파시스트 정부로 바꾸려고 한

놀라운 음모를 밝힌다!

1932년 프랭클린 델러노 루스벨트가 대통령이 됐을 때 많은 미국인들은 그의 과감한 뉴딜 정책이 대공황이라는 암흑기를 벗어나는 탈출구가 되기를 바랐다. 하지만 일군의 유력한 기업가들과 자본가들은 루스벨트의 경제 정책을 위협으로 느꼈다.

프로그램「루스벨트 정권 전복 음모」는 독일과 이탈리아의 정치적 동향에 자극받은 이 도당이 신임 대통령을 내쫓거나 그로 하여금 자신들의 지시를 따르도록 할 계획을 어떤 식으로 세웠는지 밝힌다. 그들은 불만에 차 있던 제1차 세계대전 참전군인들로 준군대 조직을 구성해 정부를 위협할 작정이었다. 그들이 이 참전군인 조직을 이끌 지도자로 선택한 사람은 바로 퇴역한 해병대 소장 스메들리 버틀러였다. 그가 참전군인의 권리를 대변하는 인물이었기 때문이다. 하지만 그는 이 음모의 자세한 내막을 알아낸 후 언론을 통해 폭로하고 의회 조사단에 사실대로 증언했다.

1936년 독일 주재 미국 대사 윌리엄 에드워드 도드(1869~1940)는 다음과 같은 내용의 서한을 루스벨트 대통령에게 보냈다.

"미국 기업가 도당이 우리의 민주 정부를 뒤엎고 파시스트 정부를 들어앉히려고 혈안이 되어 독일 및 이탈리아의 파시스트 정권과 긴밀히 공조하고 있습니다. 저는 대사로 베를린에 있으면서 미국 지도층 인사들 가운데 일부가 나치 정권과 매우 밀접한 관계를 맺는 것을 무척이나 많이 봤습니다. 한 대기업의 최고경영자는 루스벨트 대통령이 계속 진보적인 정책을 펼 경우 미국에 파시즘을 도입할 확실한 조치를 취할 예정이라고 저에게 말했습니다. 또 몇몇 미국 기업가들은 독일과 이탈리아에 파시스트 정권이 수립되는 것에 깊이 관여해 왔습니다. 그들은 파시즘이 정권을 장악하는 것을 도왔고 그것이 유지되는 데도 기여하고 있습니다. 파시스트들을 위해 일하는 선전가들은 파시즘에 대한 두려움을 일소하려고 온갖 프로파간다를 펼치고 있습니다. 우리는 이런 현상을 경계해야 합니다. 우리 정부가 사회적·경제적 발전을 위해 제정한 법률을 기업가들에게 지키라고 강요할 경우 그들은 파시스트 정부를 추구할 것입니다."

프레스콧 부시가 나치의 군수를 재정적으로 지원한 혐의에 대한 증거 기록은 그가 미국에서 파시스트 쿠데타를 적극적으로 주도한 범죄 도당의 일원이었다는 사실과 정확히 들어맞는다.

조지 W. 부시의 할아버지 프레스콧 부시와 증조부(조모의 부친) 조지 허버트 워커(1875~1953)는 월스트리트의 극우 엘리트였다. 제2차 세계대전 전에 그들은 독일에 미국

억만장자들의 투자를 유치하는 데 핵심 역할을 했다. 히틀러가 권좌에 오를 수 있게 미국 부자들이 재정 지원을 하도록 도우면서 큰 이득을 챙겼다. 심지어 제2차 세계대전 중에는 나치에 군수를 제공하는 기업들과, 아우슈비츠에서 노예 노동을 이용하는 기업들로부터도 이득을 챙겼다. 그러고 나서 종전 후에 프레스콧 부시는 한때 히틀러의 가장 든든한 재정 후원자였던 프리츠 티센(1873~1951)이 나치의 전리품을 세탁해 팔아먹는 것을 도와주었다.

아버지 곁에 영원히 잠들다

퇴역 무렵 버틀러는 펜실베이니아 주 뉴타운스퀘어에 있는 주택을 구입해 거기서 아내와 함께 살았다. 1940년 6월 그는 몇 주 묵은 통증 때문에 병원에 들러 진찰을 받았다. 의사는 상부 소화기계에 치료가 불가능한 질환(평전 작가에 따르면 암으로 추정됨)이 생겼다고 진단했다. 가족들이 곁을 지켰다. 창 밖에 새로 산 차도 몰고와 보여주었다. 하지만 그는 그 차를 몰아보지 못했다.

6월 21일 필라델피아 해군병원에서 세상을 떠났다. 장례식은 집에서 열렸다. 친구들과 가족, 몇몇 정치인과 해병대 장교들, 지역 경찰관들이 참석했다. 장지는 펜실베이니아 주 웨스트체스터에 있는 오클랜즈 공동묘지였다. 평생 올바른 가르침과 뜨거운 지원을 아끼지 않은 그의 아버지가 잠들어 있는 곳이다.

반전의 깃발을 든 가장 미국적인 애국자

세계적으로 미국의 군사적 모험주의에 반대하는 목소리는 날이 갈수록 커지고 있다. 게다가 미국의 이런 침략적 군사 행위는 보편적인 평화와 공존의 원리에 위배될 뿐만 아니라 미국 헌법상의 기본 원칙과도 배치되는 것이어서 미국인들, 특히 군인 출신과 그 가족들의 반대가 점점 거세지고 있다.

　버틀러는 미국 군인 출신 가운데 가장 큰 목소리를 낸 반전주의자이자 반제국주의자이며 또한 자유주의자이자 평화주의자다. 34년간 아시아, 유럽, 아메리카를 누비며 간섭주의적 군사 작전을 이끌어 미국 해병대 역사상 가장 많은 훈장을 받은 그는 퇴역 후 중요한 정치·사회 지도자로 변신해 1930년대 자유·평화운동을 주도했다.

　사실 그는 바나나 전쟁 시절부터 퇴역 때까지 정부와 군 상부의 부당한 명령이나 작전에 맞서 크고 작은 마찰을 끊임없이 빚어 곱지 않은 시선을 받았다. 그가 퀘이커교 가문 출신인 것과 무관하지 않다. 퇴역 후 반전주의자로 활발한 활동을 펼친 것이 그에게는 갑작스런 변신이 아니었다. 군인으로서의 소임을 다하면서도 줄곧 자신의 생각과 행동에 회의를 품은 데서 비롯된 당연한 행보였다.

그는 군사적 고립주의(isolationism)를 주장하면서 미국이 제2차 세계대전에 개입하는 데 반대했다. 그의 고립주의 관점은 당시 미국의 외교 정책이나 국제 관계와 맞지 않았지만, 사실상 그의 생각은 미국 건국의 아버지들이 세운 이념과 동일했다. 다시 말해 정치·외교적으로는 비간섭주의(non-interventionism)와 고립주의를 원칙으로 민주적 평화를 유지하고 경제적으로는 자유무역을 지향했다. 이런 면에서 버틀러는 미국의 전통과 미국적 가치를 가장 철저히 따르면서 지키려고 한 가장 미국적인 '애국자'였다. 그는 일평생을 미국 해병대의 모토대로 살았다. 셈페르 피델리스(Semper Fidelis, 언제나 충성)!

버틀러 평전을 쓴 한스 슈미트는 이런 평가를 내렸다.

"『전쟁은 사기다』의 상당 부분은 (오늘날) 전형적인 반전·반제국주의적 내용이다. 일부에서는 18세기까지 거슬러 올라가 미국의 고립주의 전통을 거론하고 있다. 버틀러만의 특별한 내용은 자신의 고유한 기준으로 옳고 그름을 가려낸 데 있다. 그는 전쟁 영웅이었고 생의 대부분을 고위 장교로 지냈다. 누구보다 전쟁과 군대의 실상을 잘 아는 사람이었다. 이런 경험과 깨달음에서 나온 도덕적 기준으로 전쟁을 비판한 것이 특별했다. 그는 뜨거운 애국심으로 국가를 위한 제언을 했으며 제국주의를 '특권을 지닌 소수의 탐욕에서 비롯된 추악'이라고 비난했다."

참고 문헌

Archer, Jules, *The Plot to Seize the White House* (Hawthorn Books, 1973).
Butler, Smedley D., "America's Armed Forces: 2. In Time of Peace" (*Common Sense*, November, 1935), Volume 4, No. 11, pp. 8~12.
Fretwell, Simon, "Introduction" in Butler, Smedley D., *War Is A Racket* (Vantage Point University Press, 2010).
In Search of History: The Plot To Overthrow FDR (The History Channel, 1999), DVD Format.
Landrith, James, "Biographical Sketch of Butler" in Butler, Smedley D., *War Is A Racket* (Pious Pagan Publishing, 2002).
Parfrey, Adam, "Introduction" in Butler, Smedley D., *War Is A Racket* (Feral House, 2003).
Schmidt, Hans, *Maverick Marine: General Smedley D. Butler and the Contradictions of American Military History* (University Press of Kentucky, 1987).
Thomas, Lowell, *Old Gimlet Eye: The Adventures of Smedley D. Butler* (Farrar & Rinehart, 1933).
Ward, Geoffrey C., "Ollie and Old Gimlet Eye" in Matters Of Fact (*American Heritage*, November 1987), Volume 38, Issue 7.
http://coat.ncf.ca/our_magazine/links/53/butler.html
http://en.wikipedia.org/wiki/Smedley_Butler
http://rationalrevolution.net/special/library/war_is_a_racket.htm
http://www.warisaracket.com

차례

추천사 7

번역자 서문 21

제1장 전쟁은 사기다 69

제2장 누가 이득을 보는가? 81

제3장 누가 빚을 갚는가? 97

제4장 이런 사기를 없애는 방법! 109

제5장 전쟁일랑 집어치워라! 117

전쟁을 위한 기도 125

주요 서평 139

일러두기

급격한 경기 변동이 있기는 했지만 20세기 초(1910년대) 달러의 가치는 요즘(2010년대)의 대략 20배 정도로 환산할 수 있다(www.measuringworth.com 참조). 이를테면 당시의 100달러는 요즘의 2,000달러와 비슷하다고 볼 수 있다. 본문에서는 환산하지 않고 원문대로 실었다.

제/1/장

전쟁은 사기다

전쟁 중에는 진실이 너무나 귀하기 때문에
거짓의 호위를 받게 마련이다.

윈스턴 처칠

정치는 전쟁을 잉태하는 자궁이다.

카를 폰 클라우제비츠

전쟁은 사기다. 언제나 그랬다.

전쟁은 아마 가장 오래된 사기일 것이다. 또 쉽게 가장 큰 이득을 남길 수 있는 사기이며, 확실히 가장 사악한 사기이기도 하다. 규모로 볼 것 같으면 독보적인 국제적 사기다. 이득은 달러로 계산하고 손실은 인명으로 계산하는 유일한 사기이기도 하다.

내가 보기에 '사기'라는 말은 국민 대다수의 눈에 보이는 바와 전혀 다른 뭔가를 설명하는 데 딱 들어맞는다. 소규모 '내부' 집단만이 그것이 무엇인지 안다. 그것은 소수의 이익을 위해 다수를 희생하면서 실행된다. 전쟁에 참여

세계대전 참전 열기를 돋우기 위해 조국수호위원회가 주최한 애국 집회에 운집한 필라델피아 시민들. Photo by Bell & Fischer. 1917. 4. 10.

하지 않는 소수가 큰돈을 번다.

세계대전*에서 소수에 불과한 사람들이 전쟁에서 오는 이득을 챙겼다. 세계대전 중에 미국에서 적어도 2만 1000명의 새로운 백만장자와 억만장자가 생겨났다. 그 '많은' 사람들이 소득 신고 때 피 묻은 막대한 이득을 인정했다. 얼마나 많은 다른 전쟁 백만장자들이 소득을 부정하게 신고했는지는 아무도 모른다.

* 집필 시기가 제2차 세계대전이 일어나기 전(1930년대 중반)이라서 제1차 세계대전(1914~1918)을 의미한다. 옮긴이.

이 전쟁 백만장자들 가운데 얼마나 많은 이들이 어깨에 총을 메 봤을까? 그들 가운데 얼마나 많은 이들이 참호를 파 봤을까? 그들 가운데 얼마나 많은 이들이 들쥐가 들끓는 참호 속에서 굶주리는 이의 심정을 알까? 그들 가운데 얼마나 많은 이들이 포탄과 파편과 기관총 총알을 피해 가며 뜬눈으로 무서운 밤을 지새워 봤을까? 그들 가운데 얼마나 많은 이들이 적의 총검 공격을 피해 봤을까? 그들 가운데 얼마나 많은 이들이 전장에서 다치거나 죽었을까?

전쟁에서 승리할 경우 참전국들은 새로운 영토를 획득한다. 마다하는 시늉도 없이 날름 받아 챙긴다. 새로 획득한 이 영토는 곧바로 소수가 차지해서 이용해 먹는다. 전장에 뿌려진 피에서 달러를 쥐어짜낸 바로 그 소수다. 일반 국민은 어깨에 빚문서만 걸쳐 멘다.

그럼 이 빚문서란 무엇인가?

이 빚문서에는 무시무시한 채무가 따른다. 묘비가 새로 세워지고, 육신이 부서지고, 정신이 산산조각 난다. 사랑이 깨지고, 가족이 파괴된다. 경제가 불안해지고 경기가 침체되어 온갖 고난이 닥치며, 가혹한 세금의 고통이 누대로 이어진다.

무척이나 오랜 세월 동안 군인이었던 나는 '전쟁은 사

기'인 것 같다는 생각을 했다. 퇴역해서 평범한 시민으로 돌아오기 전까지는 그것을 제대로 깨닫지 못했다. 하지만 오늘날 국제적 전운이 감도는 것을 보고 있노라니, 현실을 직시하고 용기를 내 말하지 않을 수 없다.

다시금 그들은 편을 짜고 있다. 프랑스와 러시아가 만나서 서로를 편 들어 주기로 했다. 이탈리아와 오스트리아도 서둘러 비슷한 협정을 맺었다. 폴란드와 독일은 폴란드 회랑**에 관한 논쟁은 잠시 접어둔 채 서로에게 추파를 던지고 있다.

유고슬라비아의 왕 알렉산다르 1세(1888~1934)의 암살 때문에 상황이 복잡해졌다. 오랜 숙적 관계인 유고슬라비아와 헝가리는 거의 죽기 살기로 싸울 기세다. 거기에 이탈리아가 뛰어들려 하고 있다. 그런데 프랑스도 기회를 엿보고 있다. 체코슬로바키아도 마찬가지다. 그들 모두가 전쟁을 벌일 생각을 하고 있다.

하지만 국민들은 그렇지 않다. 전비를 대고 전쟁에 나가 싸우다 죽을 사람들은 그럴 생각이 없다. 전쟁을 선동

** Polish Corridor. 제1차 세계대전 후 베르사유조약에 따라 독일이 폴란드에 할양한 기다란 지역으로 나중에 독일이 이 지역을 다시 차지하려고 공격해 제2차 세계대전의 도화선이 됐다. 옮긴이.

하고 자국에서 안전하게 이득이나 챙길 자들만이 전쟁을 벌이려 하고 있다.

오늘날 세계에는 전쟁 준비가 된 군인이 4000만 명이나 있는데, 우리 미국의 정치인과 외교관들은 전쟁이 벌어질 낌새 따위는 없다며 만용을 부리고 있다.

젠장! 그럼 4000만 명이나 되는 군인들이 무용수가 되려고 훈련받고 있단 말인가?

하지만 이탈리아에서는 분명히 그렇지 않다. 베니토 무솔리니 총리는 그들이 무엇을 위해 훈련받고 있는지 알고 있다. 적어도 그는 솔직하기라도 해서 대놓고 말한다. 요전에 발행된 카네기국제평화기금의 《국제 조정(International Conciliation)》(월간지/옮긴이)에 기고한 글에서 '일 두체'*는 이렇게 밝혔다.

> 또 무엇보다, 인류의 미래와 발전을 현재의 정치적 고려와 완전히 분리해서 더 많이 생각하고 관측하는 파시즘에서는 항구적 평화의 가능성이나 유용성을 믿지 않는다.……전쟁은 인간의 모든 에너지를 최고의 긴장 상태로 끌어올려 전쟁에 맞설 용기를 지닌 자들을 고결하게 만든다.

* Il Duce, 파시스트 당수 무솔리니의 별칭으로 '지도자'를 뜻한다. 옮긴이.

의심할 여지없이 무솔리니의 생각은 그가 하는 말과 정확히 일치한다. 그의 잘 훈련된 육군, 대규모 비행대, 그리고 해군까지도 전쟁 준비를 하고 있다. 명백히 우려스러운 일이다. 그가 최근 유고슬라비아와 분쟁을 벌이고 있는 헝가리의 편을 들고 있다는 점에서 그것을 알 수 있다. 그리고 (오스트리아 총리) 엥겔베르트 돌푸스(1892~1934)가 암살된 후 오스트리아와의 국경에 병력을 긴급히 동원한 것에서도 알 수 있다. 유럽에는 병력 이동으로 보아 조만간 전쟁이 일어날 것 같은 나라들이 또 있다.

독일을 재무장하면서 무기 수요를 끊임없이 늘리고 있는 아돌프 히틀러(1889~1945)도 평화에 대한 크나큰 위협으로 따지자면 무솔리니와 같은 수준이다. 그리고 최근 프랑스는 젊은이들의 군 복무 기간을 12개월에서 18개월로 늘렸다.

그렇다, 세계 곳곳의 국가들이 군사력을 강화하고 있다. 유럽의 전쟁광들이 고삐가 풀려 있다. 동양에서는 군사 전략이 더 기민해지고 있다. 러시아와 일본이 전쟁을 벌인 1904년으로 거슬러 올라가 보면, 미국은 우방국인 러시아를 걷어차고 일본을 지지했다. 그 당시 미국의 손 큰 국제적 은행들은 일본에 돈줄을 대고 있었다. 그런데 당시의 그 경향이 지금 일본과 적대 관계에 있는 미국에

1934년 6월 14일부터 16일까지 이탈리아 베네치아를 방문한 히틀러(가운데 왼쪽)가 군인들의 경례를 받으며 무솔리니와 함께 걷고 있다.

게 독이 되고 있다.

중국에 대한 '문호 개방' 정책이 미국에 어떤 의미가 있는가? 중국과의 무역 규모는 연간 9000만 달러나 된다. 필리핀과는 어떤가? 미국은 (스페인-미국 전쟁의 결과로 필리핀이 미국령이 된 1898년부터) 35년 동안 필리핀에 6억 달러나 쏟아부었고, (은행, 기업체, 투자업체를 비롯한) 민간 투자도 2억 달러에 육박한다.

고로, 9000만 달러의 대중(對中) 무역을 지키거나 필리핀에 2억 달러를 투자한 민간 자본을 보호하자면 일본을 적대시하도록 선동해 전쟁을 치러야 할 판이다. 그 전쟁을 치르자면 수백억 달러의 비용과, 수십만 명의 미국인 목숨이 희생될지 모른다. 또 수십만 명의 군인이 신체 불구가 되고 정신 이상이 생길지 모른다.

물론 이런 손실을 보상해 주는 이득이 있게 마련이다. 큰 돈벌이가 될 수 있다. 수백만 달러, 수십억 달러를 벌 수 있다. 단, 군수품 제조업체, 은행, 조선업체, 육가공업체, 투자업체 같은 소수만이 벌 수 있다. 그들은 크게 한몫 챙길 것이다.

맞다, 그들은 또 다른 전쟁을 맞을 채비를 하고 있다. 왜 그럴 수밖에 없을까? 큰 이득이 생기기 때문이다.

그렇다면 전장에서 죽는 군인들에게는 전쟁이 어떤

이득이 될까? 그들의 부모나 형제자매, 아내나 애인에게는 어떤 이득이 될까? 그들의 아이들에게는 어떤 이득이 될까?

전쟁이 어마어마한 이득이 되는 소수의 그들을 제외한 다른 모든 이들에게 과연 전쟁은 어떤 이득이 될까? 그리고 그들의 조국에는 어떤 이득이 될까?

우리 미국의 경우를 보자.

1898년 전까지는 북아메리카 본토 밖의 영토가 조금밖에 되지 않았다. 당시 미국의 국가 채무는 10억 달러가 넘었다. 바로 그 해에 미국인들은 이른바 "국제적 마인드"를 갖게 됐다. 미국인들은 건국의 아버지가 한 충고를 망각하거나 도외시했다. (국가 간) "동맹 결성"에 관한 조지 워싱턴(1732~1799)의 경고*를 무시했다. (쿠바를 놓고 스페인과) 전쟁을 벌였고, 해외 영토를 획득했다.** (물론 새로운 영토는 소수의 몫이었다.) 세계대전 말에는 국제 문제에 섣불리 간여한 직접적인 결과로 국가 부채가 250억 달러 이상으

---

* 1796년 「고별 연설」에서 밝힌 비간섭주의(non-interventionism) 원칙. 다른 나라에 대한 편애나 혐오를 모두 경계하고 동맹을 맺지 말고 공평하게 대할 것을 강조했다. 옮긴이.

** 1898년 미국은 스페인과의 전쟁에서 승리해 푸에르토리코, 괌, 필리핀을 차지하고 쿠바는 명목상 독립시켰다. 옮긴이.

행인들이 지켜보는 가운데 솔트레이크 시티 중심가에서 행진을 하고 있는 흑인 병사들. 제24보병대 소속인 이들은 스페인-미국 전쟁에 참전하기 위해 자원입대했으며 유타 주 솔트레이크 시티를 출발해 테네시 주 채터누가를 향해 가고 있다. 중간중간 아이들이 그들의 뒤를 따르고 있다. 1898. 4. 24.

로 급증했다. (그때까지의) 25년간 총 무역 수지 흑자는 약 240억 달러였다. 따라서 그저 장부상으로만 따지자면 해마다 조금씩 적자를 기록한 셈이고, 전쟁에 가담하지 않았다면 해외 무역 수지는 고스란히 우리 몫의 흑자로 남았을 것이다.

외국 문제에 간여하지 않았더라면 일반 미국인이 져야 할 채무가 훨씬 가벼웠을 것이다(더 안전했으리라고는 말할 수 없다). 밀수업자나 암거래상과 다를 바 없는 소수에게는 이런 사기가 엄청난 이득을 가져왔지만, 군사 행동에 드는 비용은 언제나 이득을 보지 못하는 국민들에게 전가됐다.

제/2/장

누가 이득을 보는가?

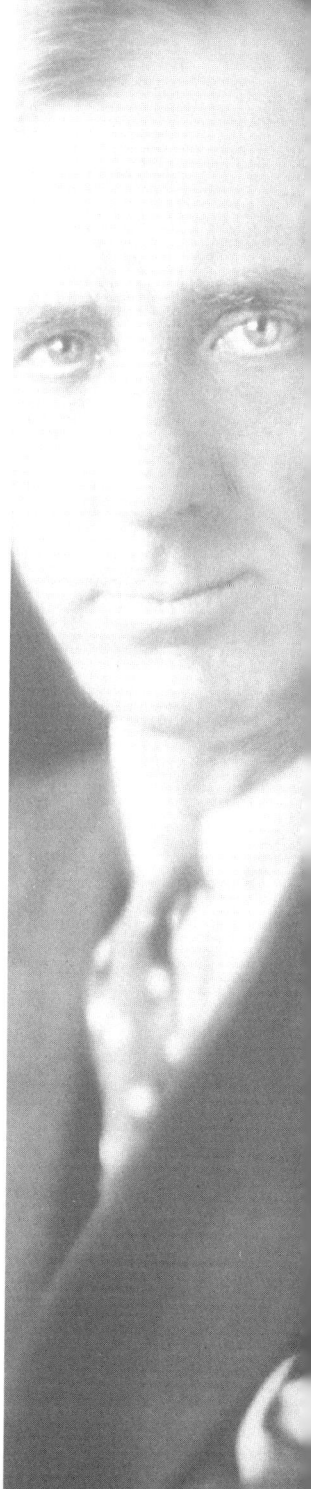

외국과의 전쟁은 유산계급이 생각하기에
이득이 생길 것 같을 때만 일어난다.
조지 오웰

전쟁이란
서로 알면서 서로 해치지 않는 사람들의 이득을 위해
서로 알지 못하는 사람들이 벌이는 살상이다.
폴 발레리

제1차 세계대전 참전 지원병 모집을 위한 미국 육군의 모병 포스터. '엉클 샘'이 근엄하고 강렬한 표정과 손짓으로 자원입대를 독려하고 있다. Poster by James Montgomery Flagg, 1917.

세계대전을 치르는 데, 아니 그 전쟁에 잠깐 동안 가담하는 데 미국은 520억 달러나 썼다. 이것을 계산해 보면, 아이와 여자를 포함한 모든 미국인에게 400달러씩 나눠줄 수 있는 액수다. 하지만 미국은 그 빚을 아직 다 갚지 못했다. 지금도 계속 갚고 있고, 아이들도 나중에 계속 갚아 갈 것이다. 그리고 그 아이들의 아이들도 그 전쟁 비용을 계속 갚아 갈 것이다.

미국에서 통상적인 영업이익은 6퍼센트, 8퍼센트, 10퍼센트, 경우에 따라 12퍼센트 정도다. 그런데 전시의 영업이익은, 와우! 기가 막히게도, 20퍼센트, 60퍼센트, 100퍼센트, 300퍼센트, 심지어 1,800퍼센트나 된다. 상황이 허락한다면, 그리고 벌려고 하면 얼마든지 벌 수 있다. 엉클 샘*은 돈이 많다. 갖는 자가 임자다.

물론 그 돈이 전시에 아무 명분 없이 쓰이는 것은 아니다. 나라에 대한 사랑, 즉 애국심과 관련 있는 말들로 포장된다.

"우리는 모두가 고통을 분담해야 합니다."

---

* 제1차 세계대전 당시 미국의 유명한 모병 홍보 캐릭터. '미국 정부'를 의인화한 이 캐릭터는 원래 1812년 전쟁(미국-영국 전쟁) 때 미국 군의 육류 검사관으로 활동한 육가공업자 새뮤얼 윌슨(1766~1854)에서 유래했다. 별명이 엉클 샘(Uncle Sam)인 그가 검사한 제품에 미국 약자(U.S.)가 찍힌 라벨이 붙어 혼동을 일으켰던 것이다. 이후 군대나 미국 정부와 관련있는 것들을 의미하는 대명사로 널리 사용됐다. 옮긴이.

하지만 전시에 발생하는 이득은 급증하고 폭증해서 소수의 호주머니 속으로 안전하게 들어간다. 몇 가지 예를 살펴보자.

화약 제조업체를 운영하는 '우리의' 듀퐁(du Ponts) 일가를 볼 것 같으면, 그들 중 한 명이 최근 상원위원회 앞에서 자기네 화약이 전쟁에서 승리했다고 증언하지 않았던가? 민주주의를 위해 세계를 구했다고 증언하지 않았던가? 뭔가 대단한 것을 수호했다고 증언하지 않았던가? 과연 그들은 어떻게 전쟁에서 그런 기여를 할 수 있었을까? 그것은 바로 그들이 열렬한 '애국적 기업'이었기 때문에 가능했다.

1910년부터 1914년까지 듀퐁의 연평균 영업이익은 600만 달러였다. 그럼 이제 1914년부터 1918년까지 전쟁 기간 중의 연평균 영업이익을 살펴보자. 확인된 바로는 무려 5800만 달러에 달했다! 평시의 거의 10배나 된다. 이득이 950퍼센트 이상 증가한 것이다.

이번에는, 전쟁 물자를 만들기 위해 철도 선로나 건축 골조, 교량 골조 따위의 생산은 '애국적으로' 내팽개친 철강 회사들을 살펴보자. 1910년부터 1914년까지 그들의 연평균 영업이익은 600만 달러 정도였다. 그런데 전쟁이 일어나자 충성스러운 시민들처럼 철강 대기업 베슬리헴 스틸(Bethlehem Steel)도 즉시 군수품 제조로 전환해 이득이 급증했다. 어쩌면 그들이 엉클 샘을 장사에 끌어들인 건 아닐까? 아무튼 1914년부터 1918년까지 그들의 연평균 영업이익은 4900만 달러에 달했다!

또 다른 철강 회사 유나이티드스테이츠 스틸(United States Steel)도 살펴보자. 전쟁 전 5년간 그들의 연평균 영업이익은 1억 500만 달러였다. '괜찮은' 편이었다. 그러고 나서 전쟁이 발발하자 이득이 급증했다. 1914년부터 1918년까지 그들의 연평균 영업이익은 2억 4000만 달러에 달했다. 역시나 '괜찮은' 편이다.

지금까지 철강과 화약 분야 일부 기업들의 영업이익을 살펴봤는데, 그럼 이제 다른 분야를 보자. 몇몇 구리 회사들은 어땠을까. 구리는 전시에 늘 돈벌이가 된다.

이를테면 애너컨다(Anaconda)는 전쟁 전인 1910년부터 1914년까지 연평균 영업이익이 1000만 달러 정도였다. 그런데 1914년부터 1918년까지 전쟁 기간 중에는 3400만 달러로 뛰어올랐다.

유타 코퍼(Utah Copper)는 1910년부터 1914년까지 연평균 영업이익이 500만 달러였는데, 전쟁 기간 중에 2100만 달러로 급증했다.

중소기업 3개와 위의 대기업 5개를 종합해 보자. 1910년부터 1914년까지 전쟁 전 연평균 영업이익은 총 1억 3748만 달러였다. 그리고 나서 전쟁이 발발하자 이들의 연평균 영업이익은 4억 830만 달러로 급상승했다. 어림잡아도 200퍼센트가량의 '미미'한 이득 증가가 있었다.
이 정도면 전쟁이 돈벌이가 되는 걸까? 그렇다, 그들에게 돈벌이가 됐다. 그런데 그들만 돈을 번 것이 아니다. 다른 이들도 있다. 피혁 분야를 보자.

센트럴 레더 컴퍼니(Central Leather Company)는 전쟁 전 3년간 총 영업이익이 350만 달러였다. 연평균 116만 7000달러였던 셈이다. 그런데 1916년 이 회사의 영업이익은 1500만 달러로 늘어나 1,100퍼센트가량의 '약소'한 증가가 있었다.

제너럴 케미컬 컴퍼니(General Chemical Company)는 전쟁 전 3년간 연평균 영업이익이 80만 달러였다. 그런데 전쟁이 발발하자 1200만 달러로 뛰어올랐다. 1,400퍼센트 급증한 것이다.

그리고 니켈 없이는 전쟁도 없다. 인터내셔널 니켈 컴퍼니(International Nickel Company)는 연평균 영업이익이 400만 달러에서 7300만 달러로 급증했다. 괜찮지 않은가? 1,700퍼센트가 넘는 증가다.

미국에서 가장 큰 설탕 제조업체인 아메리칸 슈거 리파이닝 컴퍼니(American Sugar Refining Company)는 전쟁 전 연평균 영업이익이 200만 달러였는데 1916년에는 600만 달러를 기록했다.

상원 문서 259호를 보자. 제65차 의회에서 기업 수익과 정부 세입에 관한 보고가 있었다. 육가공업체 122개, 면직물 제조업체 153개, 의류업체 299개, 철강 회사 49개, 석탄 생산업체 340개의 전쟁 기간 중 영업이익을 대상으로 했다. 영업이익 증가가 25퍼센트 미만인 업체는 드물었다. 이를테면 석탄 회사들은 전쟁 기간 중 주식 자본 증가

율이 100퍼센트부터 7,856퍼센트까지 기록했다. 시카고의 육가공업체들은 수익이 두 배 내지 세 배가 됐다.

    그리고 세계대전에 돈줄을 댄 은행들을 빼놓을 수 없다. 최고의 알짜 이득을 올린 이가 따로 있다면 그건 바로 은행이다. 대개 주식회사가 아니라 유한회사로 존재하는 그들은 주주에게 보고할 일이 없다. 따라서 그들의 이득은 규모가 크든 작든 비밀로 유지된다. 상원조사위원회 앞에서조차 단 하나의 비밀도 공개된 적이 없기 때문에 은행들이 수백만 달러, 수십억 달러를 어떤 식으로 벌어들였는지 알 길이 없다.
    그런데 몇몇 다른 애국적 기업과 투자업체들이 그들의 방식으로 전쟁 이득을 올린 예가 있다.

    신발 제조업체를 보자. 그들은 전쟁을 좋아한다. 사업에 막대한 이득을 가져다주기 때문이다. 그들은 동맹국들에 신발을 수출해서 큰 이득을 거두었다. 그리고 군수품 제조업체나 무기 생산업체처럼 적에게도 신발을 팔았다. 독일에서 오든 프랑스에서 오든 달러는 달러이기 때문이다. 그런데 그들은 엉클 샘에게도 장사를 잘했다. 이를테면 그들은 엉클 샘에게 군화를 3500만 켤레나 팔았다.

400만 명의 미국 군인에게 8켤레씩 나눠주고도 남는 양이다. 세계대전 중에 내가 이끈 연대에서는 군인 1명당 1켤레씩만 지급했다. 엉클 샘이 사들인 군화 가운데 상당량은 아직도 그대로 있다. 그것들이 좋은 신발이긴 했지만, 전쟁이 끝나자 엉클 샘에게는 남은 2500만 켤레가 문제가 됐다. 이미 사들여서 돈을 지불했기 때문이다. 발생한 이득은 업체들의 호주머니 속으로 들어가 버렸다.

전쟁 전에 미국에서는 피혁이 남아돌았다. 그래서 피혁 제조업체들은 기병대가 쓸 매클레런 말안장을 수십만 개나 엉클 샘에게 팔아치웠다. 하지만 해외로 파견된 미국 기병은 단 한 명도 없었다! 그래도 누군가는 그 피혁을 소진해야 했고, 누군가는 거기서 이득을 거두어야 했다. 그래서 엉클 샘은 그 많은 매클레런 말안장을 보유하게 됐다. 그리고 아마 아직도 엉클 샘은 그것들을 그대로 보유하고 있을 것이다.

한편, 모기장이 남아도는 자들이 있었다. 그래서 그들은 해외에 파병되는 군인들이 사용할 모기장 2000만 개를 엉클 샘에게 팔아치웠다. 짐작컨대 누군가는, 젊은 군인들이 한 손으로는 등에 붙은 이를 잡고 다른 한 손으로는 분

주하게 돌아다니는 들쥐를 쫓으며 진흙투성이 참호에서 새우잠을 잘 때 그 모기장을 칠 거라 예상했던 모양이다. 하지만 그 많은 모기장 가운데 단 한 개도 프랑스로 건너 간 적이 없다!

어쨌든 그 사려 깊은 업자들은 개인용 모기장이 없는 군인이 한 명도 없기를 간절히 바랐다. 그래서 모기장 감을 4000만 야드나 추가로 엉클 샘에게 팔아넘겼다.

판매 당시 프랑스에는 모기가 없었음에도 불구하고 모기장은 아주 큰 이득이 남았다. 추측컨대, 전쟁이 조금만 더 오래 계속됐으면, 열성적인 모기장 제조업체들은 엉클 샘에게 프랑스에 풀어놓을 모기 두어 상자도 덤으로 팔아서 모기장 주문이 계속 이어지게 했을 것이다.

비행기와 기관차 제조업체들도 이 전쟁에서 제 몫의 이득을 챙겨야겠다고 느꼈다. 왜 안 되겠는가? 다른 모든 이들이 제 몫을 챙기고 있었다. 그래서 엉클 샘이 비행기 제작에 10억 달러를 쓰게 만들었지만 그 비행기들이 땅에서 이륙한 적은 한 번도 없었다! 10억 달러어치나 주문됐지만 한 대의 비행기도, 한 대의 자동차도 프랑스에서의 전투에 투입된 적이 없었다. 이 제조업체들은 하나같이 30퍼센트, 100퍼센트, 간혹 300퍼센트라는 '약소'한 이득을 올렸다.

군인 속옷을 만드는 데는 14센트가 드는데, 엉클 샘은 1벌당 30~40센트를 지불했다. 속옷 제조업체에게 적잖이 '약소'한 이득이 돌아갔다. 그리고 양말 제조업체, 군복 제조업체, 전투모 제조업체, 철모 제조업체도 모두 제 몫의 이득을 챙겼다.

전쟁이 끝나자 군용 배낭과 그 안에 들어가는 물품 400만여 세트가 우리 측 군수 창고에 빈틈없이 쌓였다. 이제 그것들은 폐기되고 있다. 당국에서 배낭 내용물을 변경했기 때문이다. 하지만 제조업체들은 전쟁 중에 제 몫을 다 챙겼다. 고로 그들은 다음번에도 그렇게 이득을 챙길 것이다.

전쟁 중에 이득을 올리기 위한 기발한 아이디어는 많고 많았다.

어느 용의주도한 애국 기업은 엉클 샘에게 48인치(1,219.2밀리미터) 렌치(멍키 스패너)를 12세트(144개)나 팔아넘겼다. 아, 물론 그것들은 아주 훌륭한 렌치였다. 하지만 한 가지 문제가 있었다. 그 렌치로 돌릴 만큼 커다란 크기로 만들어진 너트가 지금까지 한 개밖에 없었다는 사실이다. 그 하나는 바로 나이아가라 폭포에 설치된 발전기 터빈을 고정하는 너트였다. 아무튼 엉클 샘은 그 렌치들을 사들였고 제조업체는 호주머니에 이득을 챙겼다. 나중에 그 렌치들은 큰 화물차에 실려 적합한 사용처를 찾아 미국 전역을 떠돌았다. 정전 협정이 체결되자 제조업체는 한숨을 내쉬며 탄식했다. 제조업체는 곧바로 그 렌치들에 맞는 너트를 만들기로 했다. 그러고 나서 그 너트들을 엉클 샘에게 내다 팔 궁리를 했다.

이 외에도 번뜩이는 아이디어를 낸 업체가 또 있다.

그 업체는 대령들이 자동차를 타서는 안 되며, 심지어 말 등에도 타서는 안 된다고 주장했다. 필시 업체의 누군가가 앤드루 잭슨(1767~1845)*이 (대령 시절) 사륜마차를 타고 있는 모습을 그린 그림을 보았을지 모른다. 아무튼 그 업체는 무려 6,000대나 되는 사륜마차를 대령들이 탈 용도로 엉클 샘에게 팔아넘겼다. 물론 그 가운데 사용된 것

* 독립전쟁(1775~1783) 영웅이자 제7대 미국 대통령. 옮긴이.

은 한 대도 없다. 그래도 사륜마차 제조업체는 전쟁 이득을 챙겼다.

조선업체들 또한 전쟁 이득을 나눠먹는 데 동참해야겠다고 마음먹었다. 그들은 많은 선박을 건조해 막대한 이득을 올렸다. 30억 달러가 넘는 이득이었다. 건조된 선박 가운데 일부는 꽤나 훌륭했다. 하지만 나무로 만들어진 6억 3500만 달러어치의 선박은 물에 제대로 뜨지도 못했다! 널빤지 접합부가 벌어져서 가라앉아 버렸다. 그래도 엉클 샘은 배 값을 지불했다. 그래서 누군가는 호주머니에 이득을 챙겼다.

통계학자와 경제학자 그리고 관련 연구자들의 추정에 따르면, 엉클 샘이 전쟁에 들인 돈은 총 520억 달러였다. 하지만 그중 실제로 전쟁 자체에 쓰인 돈은 390억 달러였고, 이 지출에서 발생한 업체들의 이득은 160억 달러였다. 이것이 바로 새로 생겨난 2만 1000명의 백만장자와 억만장자가 위의 방식으로 챙긴 이득이다. 이 160억 달러라는 이득은 결코 적은 금액이 아니다. '꽤나 큰' 액수다. 그런데 이것이 소수에게 돌아갔다.

세간을 떠들썩하게 한 폭로에도 불구하고, 군수 산업

체와 그들의 전시 이득을 조사한 상원 나이 위원회˙는 수박 겉핥기조차 제대로 하지 못했다.

그래도 상원의 조사는 어느 정도 효과가 있었다. 국무부가 외부 전쟁에 개입하지 않기 위한 '한시적' 수단을 강구했다. 그리고 전쟁부는 신속하게 훌륭한 계획을 수립했다. 전시의 이득을 제한하기 위해, 월스트리트의 전문가를 대표로 하고 전쟁부와 해군부가 함께 참여하는 위원회를 설치하기로 했다. 하지만 이득을 어느 정도로까지 제한할지는 제안하지 않았다. 음, 물론 세계대전에서 피를 황금으로 바꾼 자들이 챙긴 300퍼센트, 600퍼센트, 1,600퍼센트의 이득을 그보다 적은 수치로 제한할 예정이긴 했다.

하지만, 분명 그 계획에서는 손실, 즉 전쟁에 맞서 싸운 사람들의 손실을 어느 정도로 제한해야 하는지는 밝히지 않았다. 내가 확인한 바로는 그 계획에 군인의 손실을 어디까지로 제한할지에 관한 내용은 없었다. 한쪽 눈, 아니면 한쪽 팔, 아니면 부상 부위를 한 군데나 두 군데나 세 군데까지? 아니면 목숨을 잃을 때까지?

분명히 그 계획에는 부상자가 한 연대당 12퍼센트 미

---

* 1934년 제럴드 나이(1892~1971) 의원을 중심으로 구성되어 1936년까지 활동한 군수 산업 조사 특별 위원회. 옮긴이.

워싱턴에 있는 월터리드 육군병원 앞에서 담배 피우는 제1차 세계대전 참전군인들. 한쪽 다리를 잃은 부상자가 양쪽 팔을 잃은 부상자에게 담뱃불을 붙여주고 있다. 1918.

만이어야 한다 또는 사망자가 한 사단당 7퍼센트 미만이어야 한다고 제한하는 내용이 없다.

물론, 그 위원회는 이런 사소한 문제 따위에 개의할 리 없다.

제/3/장
누가 빚을 갚는가?

평시에는 아들이 아버지를 묻지만
전시에는 아버지가 아들을 묻는다.
크로이소스

그들은 이 수수께끼가 절대 풀리지 않을 거라고 했다.
성직자는 전쟁을 조장하고, 군인은 평화를 조성한다.
윌리엄 블레이크

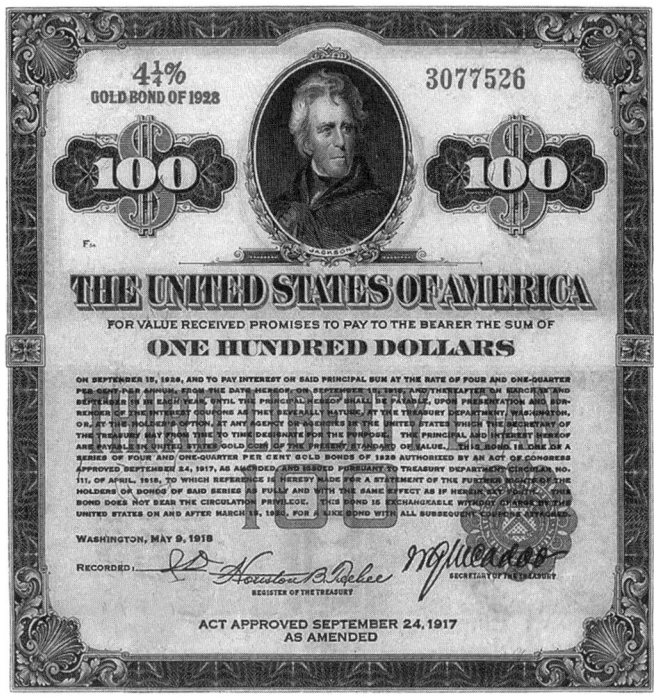

1917년에 발행된 100달러짜리 자유 공채 증서.

누가 전쟁 이득을 제공하는가? 다시 말해 누가 20퍼센트, 100퍼센트, 300퍼센트, 1,500퍼센트, 1,800퍼센트라는 그 짭짤한 이득을 제공하는가? 우리 모두가 한다. 바로 세금으로.

우리는 자유 공채(Liberty Bond, 미국 정부가 제1차 세계대전 때 모집한 전시 공채/옮긴이)를 100달러에 사서 은행에 84달러나 86달러에 되팖으로써 은행에 이득을 주었다. 은행들이 그 차액을 챙긴 것이다.

이것은 간단한 조작이었다. 은행들은 증권 시장을 주물렀다. 그들이 공채의 가격을 떨어뜨리는 것은 쉬운 일이었다. 공채 가격이 떨어지자 우리 모두는, 즉 국민들은 깜짝 놀라서 공채를 84달러나 86달러에 내다팔았다. 은행들은 그것을 사들였다. 그런 다음 공채 붐을 조성해 공채 가격을 액면가 또는 액면가 이상으로 올렸다. 이리하여 은행들은 이득을 챙겼다.

그런데 전쟁 빚을 가장 많이 갚은, 즉 전쟁 이득을 가장 많이 제공한 사람들은 바로 군인이다.

이것이 믿기지 않는다면, 해외 전쟁터에 조성된 미군 공동묘지에 가보라. 아니면 미국 내 참전군인 병원을 방문해 보라. 나는 미국 내 참전군인 병원들을 돌아보면서 이

글을 쓰고 있다. 지금까지 참전군인 국립병원 18곳을 방문했는데, 거기에 부상자가 총 5만 명가량 있었다. 18년 전에 정부에서 차출한 사람들이다. 산송장이나 다름없는 심한 부상자가 3,800명이나 입원해 있는 밀워키 소재 국립병원의 유능한 책임 군의관이 내게 한 말에 따르면, 참전군인의 사망률은 참전하지 않은 재향군인의 세 배나 된다.

평범한 젊은이들이 들판과 사무실, 공장과 교실에서 차출되어 나와 군대로 편입됐다. 거기서 그들은 개조됐다. 다른 인간으로 만들어졌다. 그들은 180도 다른 인간이 됐다. 살인을 일상사로 여기게 됐다. 어깨를 맞대고 굳게 단결한 그들은 군중심리에 의해 완전히 변했다. 우리는 그들을 2년간* 이용했다. 그들을 훈련시켜서 죽이고 죽는 것 말고는 아무것도 생각하지 못하게 했다.

그리고 나서 어느 날 갑자기 우리는 그들을 제대시켰다. 그리고 그들에게 다시 180도 변하라고 요구했다! 그런데 이번에는 그들이 스스로 자신을 되돌려야 했다. 군중심리도 없이, 장교의 도움과 조언도 없이, 전국적인 프로파간다(선전)도 없이. 우리에겐 그것들이 더 이상 필요하지 않았다. 그래서 우리는 그들을 사방으로 해산시켰다. "4분

---

* 징병된 군인의 의무 복무 기간. 옮긴이.

발언"""이나 "자유 공채 연설""""도 없이, '퍼레이드'도 없이. 이 훌륭한 젊은이들 가운데 많은, 너무나 많은 이들이 결국 정신적으로 불구가 됐다. 그들은 혼자서는 자신을 다시 180도 변화시킬 수 없었기 때문이다.

인디애나 주 매리언에 있는 국립병원에는 정신적으로 불구가 된 젊은이들이 1,800명이나 병실에 틀어박혀 있다! 그들 가운데 500명은 건물 주위 전체와 베란다에 강철 봉과 철사가 둘러쳐진 병동에 갇혀 있다. 이들은 정신이 파괴된 지 한참 됐다. 이 젊은이들은 인간처럼 보이지도 않는다. 아, 저들의 얼굴을 보라! 신체는 건장하지만 정신은 죽어 있지 않은가.

이런 젊은이들은 수없이 많으며, 점점 더 많아지고 있다. 전쟁에 대한 광분과, 그 광분의 갑작스런 소멸을 젊은이들은 감당할 수가 없었다.

하지만 이것은 빚에 따르는 채무의 일부일 뿐이다. 죽은 자들을 더 거론해 봐야 무슨 소용 있겠냐마는, 그들은 자신을 바쳐 전쟁 이득을 제공했다. 신체적으로 정신적으로 부상을 당한 이들도 마찬가지겠지마는 그들은 지금도

** 입대 자원자들이 했던 4분간의 참전 독려 발언. 옮긴이.
*** 자유 공채를 발행할 때마다 있었던 대통령 연설. 옮긴이.

자신을 희생해 전쟁 이득을 제공하고 있다.

그런데 그들로부터 전쟁 이득을 제공 받은 이들이 또 있다. 그들은 엉클 샘의 군복을 입기 위해 비통한 심정으로 자기 가정과 가족을 뿌리치고 떠나면서도 전쟁 이득을 제공했다(물론 앞에서 말했듯이 그들이 입은 군복 한 벌 한 벌에서도 전쟁 이득이 발생했다). 그들은 부대로 편성되어 군사 훈련을 받은 신병 훈련소에서도 또 다른 전쟁 이득을 제공했다. 즉 그들이 집을 떠나 거기에 있는 동안 다른 이들이 그들의 일자리와 공동체 삶에서의 위치를 차지해 버린 것이다.

그들은 총을 쏘거나 총에 맞은 참호 속에서도 전쟁 이득을 제공했다. 거기서 그들은 한 번에 며칠 동안이나 굶주렸고, 진흙과 추위와 빗줄기 속에서 잠을 청했다. 무시무시한 총성과 포성의 자장가가 울리는 가운데 죽어가는 이들이 내뱉는 신음소리와 비명을 들으며.

그러니 잊지 마시라. 그 군인들이 달러 빚의 일부를 갚았다는 사실을.

스페인-미국 전쟁(1898)을 비롯해 최근까지 우리에게는 포상금 제도가 있어서 군인들이 돈을 벌기 위해 싸웠다. 시민전쟁(1861~1865, 남북전쟁) 중에는 상당수가 입대하기 전에 상여금을 받았다. 연방 정부나 주 정부가 군 입대

세계대전에 참전하기 위해 자원입대를 희망한 젊은이들이 국기를 들고 거리에 모여 있다. Photo by Bain News Service, 1917.

의 대가로 1,200달러라는 높은 금액을 지급했다. 스페인-미국 전쟁 때도 연방 정부나 주 정부가 상금을 주었다. 적의 군함을 나포한 경우에는 모든 군인이 지분을 가졌다. 실제로 그런 적은 거의 없지만 적어도 그런 전제를 두었다. 그러고 나서 우리는 그 모든 상금을 철회해서 굳히면 전쟁 비용을 줄일 수 있다는 것을 알게 됐다. 징병하면 그만이었다. 그래서 군인들은 자기 노동력을 팔 수 없게 됐다. 전쟁이 나면 다른 모든 사람들은 자기 노동력을 팔 수 있었지만 군인들만은 그럴 수 없었다.

나폴레옹(1769~1821)은 이런 말을 한 적이 있다.

"모든 군인은 훈장이라면 사족을 못 쓴다.…… 그들은 훈장을 따고 싶어 안달이 나 있다."

그래서 정부는 '훈장 장사'라는 나폴레옹식 시스템을 개발해 적은 돈으로 군인을 모집할 수 있었다. 젊은이들이 훈장을 받고 싶어 했기 때문이다. 하지만 시민전쟁 전까지는 그럴싸한 훈장이 없었다. 시민전쟁 때(1863)부터 의회 명예 훈장(미국 최고의 훈장/옮긴이)이 수여됐다. 이 훈장 덕분에 모병이 훨씬 수월해졌다. 시민전쟁 후부터 스페인-미국 전쟁 때까지는 새로 제정된 훈장이 없다.

세계대전 때 우리는 프로파간다를 이용해 젊은이들이 징병을 받아들이게 했다. 군에 입대하지 않을 경우 그들이 수치심을 느끼도록 만들었던 것이다.

이 전쟁 프로파간다는 너무나 악랄해서, 하느님까지 끌어들였다. 그러지 않은 이가 더러 있긴 했지만, 우리의 성직자들까지 함께 나서서 죽여라, 죽여라, 죽여라라고 부르짖었다. 독일인들을 죽이라고 했던 것이다. 하느님은 우리 편이고 독일인들을 죽이는 것은 그분의 뜻이었다.

그리고 독일에서도 명망 있는 목사들이 나서서 독일

인들에게 연합국 사람들을 죽이라고 외쳐댔다. 그것은 우리의 하느님과 같은 하느님을 기쁘게 하는 일이었다. 이것은 사람들이 전쟁 의지와 살인 의지를 갖도록 하기 위한 보편적인 프로파간다의 일환이었다.

사지로 내몰리는 우리 젊은이들의 마음속에 멋들어진 이상이 그려졌다. 그것은 바로 "모든 전쟁을 끝내기 위한 전쟁"이었다. 또한 "세계를 민주주의에 안전한 곳으로 만들기 위한 전쟁"이었다. 젊은이들이 행군하며 떠나갈 때 아무도 그들에게 말해주지 않았다. 그들의 참전과 죽음이 어마어마한 전쟁 이득을 만들어낼 것이라는 사실을. 아무도 이 미국 군인들에게 말해주지 않았다. 그들이 조국의 형제들이 만든 총탄에 맞아 죽을 수 있다는 사실을. 아무도 그들에게 말해주지 않았다. 그들이 타고 갈 군함이 미국 기술로 만들어진 잠수함으로부터 어뢰 공격을 받을 수 있다는 사실을. 그들은 자신의 참전이 "영예로운 모험"이 될 거라는 말밖에 듣지 못했다.

이런 식으로 그들의 목구멍에 애국심을 쑤셔 넣으면서 우리는 그들이 전쟁 비용을 갚는 데 일조하게 만드는 결정도 내렸다. 그래서 우리는 그들에게 월급 30달러라는 '고액'의 급여만 지급하면 됐다.

그들은 이 '푸짐하고 넉넉한' 금액을 받은 대가로 무슨 짓이든 해야 했다. 사랑하는 사람들을 남겨두고 떠나야 했고, 소중한 일자리를 버려야 했고, 질척질척한 참호 속에 누워 자야 했고, 깡통에 든 전투 식량을 꾸역꾸역 먹어야 했고(그나마 그거라도 구할 수 있을 때), 죽이고 죽이고 또 죽여야 했고, 그리고 죽어야 했다.

그런데 잠깐!

그 급여의 절반(조선소에서 리벳을 박는 일군이나 군수품 공장의 노동자가 고국에서 안전하게 일하며 받는 일당보다 조금 많은 액수)은 곧바로 떼여 부양가족에게 보내졌다. 그래야 자신의 지역 사회에 (부양가족으로 인해) 부담을 지우지 않을 것이기 때문이다. 그러고 나서 우리는 그에게 상해 보험료(의식이 깨어 있는 고용주나 내는 보험료)도 내게 했다. 그래서 그는 매월 6달러를 보험료로 냈다. 그에게 남는 돈은 매월 9달러도 안 됐다.

그런데 가장 파렴치하고 무례한 대접은 바로 그 다음이었다. 그는 자신이 지급받은 탄약과 군복과 식량에 대한 비용을 지불하라는, 거의 협박이나 다름없는 요구를 받아 결국 자유 공채를 매입하게 됐다. 대부분의 군인은 월급날 손에 쥐는 돈이 한 푼도 없었다.

우리는 그들에게 자유 공채를 100달러에 팔았다가, 그들이 전쟁에서 돌아와 일자리를 구할 수 없는 처지일 때

(왼쪽 사진) 참호 속에서 적의 포격을 피하고 있는 영국 군인들. Photo by Realistic Travels, 1916. 8. 15.
(오른쪽 사진) 참호 속에서 적의 포격을 피하고 있는 독일 군인들. Photo by Arya Films, 1917.

그것을 84달러나 86달러에 다시 사들였다. 군인들이 매입한 자유 공채는 총 20억 달러에 달했다.

그렇다, 군인들이 전쟁 빚의 대부분을 갚았다. 그의 가족들도 갚았다. 가족들은 군인들이 겪은 것과 똑같은 비통함 속에서 빚을 갚았다. 그가 고통 받을 때 그의 가족들도 고통 받았다. 밤에 그가 참호 속에 누워 있거나 옆에서 유산탄이 터지는 것을 볼 때, 그들은 집에서 침대에 누워 밤새 뒤척이며 잠을 이루지 못했다. 그의 아버지, 어머니, 아내, 형제, 자매, 아들, 딸 모두.

그가 한쪽 눈 아니면 한쪽 다리를 잃고 돌아왔을 때, 또는 정신이 파괴된 채 돌아왔을 때, 그들 또한 그만큼이나, 때로는 그보다 더 고통스러웠다. 그렇다, 그들 또한 군수품 제조업체와 은행, 조선업체와 각종 제조업체, 그리고 투자업체의 이득을 위해 자신의 달러를 바쳤다. 그들 또한 자유 공채를 매입했다가, 종전 후 공채 가격을 조작한 속임수에 넘어가 은행의 이득에 기여했다.

그리고 지금까지도 신체적, 정신적 부상자들과 스스로 자신을 되돌릴 수 없는 참전군인들은 계속 고통 받고 있고, 또 계속 빚을 갚고 있다.

제/4/장
이런 사기를 없애는 방법!

우리가 전쟁을 끝내지 않으면
전쟁이 우리를 끝낼 것이다.

H. G. 웰스

전쟁터에서 죽어가는 병사의
공허한 눈빛을 본 적이 있는 자는
전쟁을 시작하기 전에 깊이 생각하게 될 것이다.

오토 폰 비스마르크

자유 공채 선전 포스터. 전쟁의 여신이 오른손에는 칼을, 왼손에는 방패를 들고 있다. 방패에는 "세계를 민주주의에 안전한 곳으로 만들기 위해(To make the world safe for democracy)"라는 문구가 둥글게 새겨져 있다. Poster by Maryland Institute for the Promotion of the Mechanic Arts, 1918.

과연, 전쟁은 사기다. 그렇다.

소수가 이득을 챙기고, 다수는 채무를 진다. 그런데 이것을 저지할 방법이 있다. 군축 회의를 통해서는 이것을 끝낼 수 없다. 스위스 제네바에서 열리는 평화 회담으로는 이것을 막을 수 없다. 유명무실한 모임에서 결의를 다지는 것으로는 이것을 차단할 수 없다. 이것은 전쟁에서 이득을 볼 수 없게 해야만 실질적으로 막을 수 있다.

이런 사기를 없앨 수 있는 유일한 방법은 전국의 젊은이들을 징병하기 전에 자본과 기업과 노동부터 징발하는 것이다. 정부가 전국의 젊은이들을 징병하기 한 달 전에 자본과 기업과 노동을 먼저 징발해야 한다. 우리의 무기 공장과 군수품 제조업체, 조선업체와 항공기 제조업체, 전쟁에서 이득을 낼 수 있는 여타 온갖 물건을 만드는 제조업체, 은행과 투자업체 등의 임원과 관리자와 고위 경영자를 징용하고, 참호 속의 젊은이들과 같은 임금, 즉 매월 30달러를 그들에게 지급해야 한다.

위의 생산 현장에서 일하는 노동자들은 물론이고 다른 모든 노동자, 사장, 경영자, 관리자, 책임자, 은행가, 또 장군과 제독을 비롯한 모든 장교, 정치인, 공무원에게도 같은 임금을 지급해야 한다. 즉 이 나라 모든 사람들의 수입이 참호 속의 군인에게 지급되는 월급보다 많지 않게 제한해야 한다!

재계의 모든 총수와 수장, 산업 현장의 모든 근로자, 그리고 모든 의원과 주지사와 시장도 월급 30달러의 절반을 가족에게 주고 전쟁 보험료를 내고 자유 공채를 사야 한다.

그들이라고 그렇게 하지 않을 이유가 있는가?

그들은 어떤 위험도 무릅쓰지 않는다. 죽임을 당할 위험도, 몸뚱어리가 부서질 위험도, 정신이 파괴될 위험도. 그들은 진흙투성이 참호 속에서 잠을 자고 있지도 않다. 그들은 굶주리고 있지도 않다. 군인들만이 모든 위험을 감수한다!

자본과 기업과 노동 쪽에 30일간 재고할 말미를 주면 전쟁에 휘말릴 일이 없을 것이다. 그러면 전쟁 사기가 없어질 것이다. 다른 것은 무엇도 그럴 수 없다.

어쩌면 내가 좀 지나치게 낙관적인지도 모르겠다. 일부 자본가들은 여전히 목청을 높인다. 전쟁에서 이득을 보지 못하게 하는 것을 좌시하지 않겠다고. 하지만 고통을 감내하면서 지금도 전쟁 비용을 치르고 있는 국민들이 일치단결하여 전시 부당이득 취득자들의 뜻이 아닌 자신들의 뜻을 받들 관료들을 선출하면 그럴 일이 없을 것이다.

전쟁 사기를 없애는 싸움에 필요한 두 번째 단계는 전

쟁을 선포해야 하는지 여부를 결정할 때 제한된 국민 투표를 실시하는 것이다. 모든 유권자가 아닌 전쟁에 소집돼 나가서 싸우고 죽을 사람들만 참여하는 국민 투표여야 한다. 군수품 공장의 76세 사장이나, 다국적 은행의 평발 사장이나, 군복 제조 공장의 사시 공장장을 비롯해 전쟁이라는 이벤트에서 막대한 이득을 챙길 사람들이 국가의 참전 여부를 결정하는 데 투표하는 것은 그리 분별 있는 노릇이 아니다. 그들은 소집될 일이 없을 테니, 어깨에 무기를 걸쳐 멜 일도 없고, 참호에서 잠을 잘 일도 없고, 총에 맞아 죽을 일도 없다. 소집돼서 조국을 위해 목숨을 걸어야 하는 사람들만 나라의 참전 여부를 결정하는 데 투표할 권리를 가져야 한다.

투표를 관련 당사자들에게만 제한한 좋은 전례가 있다. 많은 주에서는 투표권에 제한을 두고 있다. 대부분의 경우, 투표 전에 읽고 쓸 줄 아는 능력을 갖춰야 한다. 어떤 경우에는, 자산이 있어야 한다.

매년 징병 연령이 된 남자들이 지역 사회에 편성되는 것은 당연한 일로 여겨진다. 세계대전 때 징병되어 신체검사를 받은 것도 마찬가지다. 그렇다면 신체검사를 통과해서 전쟁이라는 큰일에 소집돼 무장해야 하는 사람들만 제한된 국민 투표에 참여하는 것도 타당한 일이다. 그들이 바로 결정권을 가져야 할 사람들이다. 징병 가능 연령이나 무장할 신체 조건에 해당되는 사람들이 거의 없는 의회에서 결정권을 갖는 것은 타당한 일이 아니다. 고통을 겪어야 하는 사람들만 투표권을 가져야 한다.

전쟁 사기를 없애는 일의 세 번째 단계는 우리의 군대를 오직 방어만을 위한 군사력으로 확실히 자리매김하는 것이다.

의회에서는 매 분기마다 해군 예산 확충에 관한 질의가 나온다. 워싱턴에 있는 해군 고위 장성들은 지략이 뛰어난 로비스트들이다(그들은 늘 거기에 있다). 그들은 영리해서 이런 식으로 목청을 돋우지 않는다.

"우리에게는 이 나라 저 나라의 전쟁에 보낼 많은 전함이 필요합니다."

아, 이건 아니다.

우선 그들은 미국이 어떤 막강한 해군력의 위협을 받고 있다고 알린다. 기회가 있을 때마다 그 장성들은 이렇게 말한다.

"이 유력한 적의 막강한 함대가 갑자기 공격을 해와 1억 2500만 명을 몰살할 것입니다."

바로 이런 식이다.

그러고 나서 그들은 해군 규모 확대를 호소하기 시작

한다. 무엇을 위해? 적과 싸우기 위해?

오, 아니다. 아, 그렇지 않다.

오로지 방어만을 목적으로!

그런 다음 느닷없이 그들은 태평양에서의 군사 훈련을 발표한다. 방어를 위한 훈련이다.

아무렴, 그렇지, 그렇고 말고.

태평양은 크나큰 대양이다. 태평양의 해안선은 엄청나게 길다. 군사 훈련이 해안에서 200마일이나 300마일가량 떨어진 곳에서 실시될까? 아니다. 군사 훈련은 해안에서 2,000마일, 아, 어쩌면 3,500마일은 떨어진 곳에서도 실시될 것이다.

물론 미국에 호의적인 일본인들은 일본 해안에 아주 가까이 접근한 미국 함대를 보고 무척이나 반가워할 것이다. 하지만 캘리포니아 주에 사는 사람들이 로스앤젤레스 해안에서 군사 훈련을 하는 일본 함대를 아침 안개 속에서 어슴푸레 알아보면 퍽이나 반가워하겠다.

우리 해군의 군함은 해안선으로부터 200마일 이내에만 있도록 법으로 제한하는 것이 합당해 보인다. 1898년에 이런 법이 있었다면 메인 호가 하바나 항에 갈 일은 없었을 것이다. 그 배가 폭파돼 날아갈 일은 없었을 것이다. 스페인과의 전쟁이 없어서 참전군인들이 죽을 일도 없었을 것이다.*

전문가들의 의견에 따르면, 방어가 목적이라면 200마일이면 충분하다. 우리 군함이 해안선으로부터 200마일 이상 벗어나지 못하게 하면 우리나라가 침략 전쟁을 벌일 일도 없다.

공군 비행기는 정찰 목적으로 해안선에서 500마일까지만 날게 해야 한다. 그리고 육군은 우리나라 영토를 벗어나서는 안 된다.

요컨대, 전쟁 사기를 없애자면 다음 세 가지 조치를 취해야 한다.

첫째, 전쟁에서 이득을 보는 사람이 없게 해야 한다.
둘째, 무장을 할 이 땅의 젊은이들이 참전 여부를 결정하도록 해야 한다.
셋째, 우리의 군사력을 자국 방어용으로만 제한해야 한다.

* 쿠바에 사는 미국인들의 생명과 재산을 지키기 위해 파견된 군함 메인(Maine) 호가 1898년 2월 15일 쿠바의 수도 하바나의 항구에서 격침되어 스페인-미국 전쟁이 발발했다. 옮긴이.

제/5/장
전쟁일랑 집어치워라!

전쟁(현대전)의 진짜 문제는
정말 죽여야 할 자들을 죽일 기회가 없다는 점이다.
에즈라 파운드

나는 제3차 세계대전에 어떤 무기가 사용될지 모른다.
하지만 제4차 세계대전에서는 분명히
방망이와 돌로 싸울 것이다.
알베르트 아인슈타인

의회에서 독일에 대한 선전 포고를 요청하는 연설을 하고 있는 우드로 윌슨 대통령(가운데 연단에 서 있는 인물). 1917. 4. 2.

나는 '전쟁은 과거지사다'라는 말 따위는 믿지 않는다. 나는 국민들이 전쟁을 원하지 않는다는 것을 알지만, 우리가 또 다른 전쟁에 개입될 리 없다고 말하는 것으로는 아무 소용이 없다.

돌아보면, 우드로 윌슨(1856~1924)은 "우리를 전쟁에 개입시키지 않았다"는 연설과 "우리를 전쟁에 개입시키지 않겠다"는 암묵적 공약으로 재선된 대통령이다. 하지만 5개월 후 그는 의회에다 독일과의 전쟁을 선포하도록 요청했다.

그 5개월 동안 국민들은 "마음을 바꿔 참전에 동의하시나요?"라는 질문을 한 번도 받은 적이 없다. 군복을 입고 행진하거나 바다로 떠난 400만 명의 젊은이들은 "기꺼이 고통과 죽음을 감내하시겠어요?"라는 질문을 한 번도 받은 적이 없다.

그렇다면 우리 정부는 무엇 때문에 별안간 정책 기조를 바꿨을까?

바로 돈 때문이다.

한 소식통에 따르면, 연합국 위원회에서 갑자기 방침을 바꿔 우리 대통령에게 전쟁 선포를 요청했다. 대통령은 자문단을 소집했다. 연합국 위원회의 수장이 발언했다. 외교적인 겉치레 말을 벗기고 보면 그가 대통령과 자문단에게 한 말은 이렇다.

우리 자신을 기만하는 것은 더 이상 아무 소용이 없습니다. 연합의 동기는 사라졌습니다. 우리는 지금 여러분(미국 은행, 미국 군수품 제조업체, 미국 공장, 미국 투자업체, 미국 수출업체)에게 50억 내지 60억 달러를 빚지고 있습니다.
우리가 전쟁에서 패하면(그리고 미국의 도움 없이는 질 수밖에 없습니다) 우리 영국, 프랑스, 이탈리아는 그 돈을 갚을 수가 없습니다.…… 그리고 독일도 갚지 않을 것입니다.
따라서……

전쟁 협상을 비밀로 숨기는 것이 불법이었다면, 언론이 그 회의에 참석하도록 요청받았다면, 라디오에서 회의 내용을 보도할 수 있었다면 미국은 절대로 세계대전에 가담하지 않았을 것이다. 하지만 모든 전쟁 논의처럼 이 회의는 극비로 진행됐다. 우리의 젊은이들은 전쟁터로 떠나면서 그 전쟁이 그저 "세계를 민주주의에 안전한 곳으로 만들기 위한 전쟁"이자 "모든 전쟁을 끝내기 위한 전쟁"이다라는 말만 들었다.
그런데 18년이 지난 지금의 세계는 당시보다 덜 민주적인 곳이 됐다. 게다가 러시아, 독일, 영국, 프랑스, 이탈리아, 오스트리아가 민주주의든 군주제든 그것이 지금 우리와 무슨 상관이란 말인가? 그 나라들이 파시스트 국가건 공산주의 국가건 무슨 상관이란 말인가? 우리의 문제는 우리의 민주주의를 수호하는 것이다.

그리고 세계대전이 정말 모든 전쟁을 끝내기 위한 전쟁이었다고 우리가 확신을 가질 만한 근거도 사실상 거의 없다.

우리는 군축 회의와 군비 제한 회의에도 참석했다. 이 둘은 같은 회의가 아니다. 그중 하나(군축 회의/옮긴이)는 바로 결렬됐다. 그래서 다른 하나의 결과도 무용지물이 됐다. 우리는 그 회의들에 우리의 직업 군인과 정치가와 외교관을 보냈다. 그래서 어떻게 됐는가?

직업 군인들은 군비 축소를 원하지 않는다. 어느 제독도 군함이 사라지는 것을 원하지 않는다. 어느 장군도 지휘 사령부가 사라지기를 바라지 않는다. 그들 모두는 일자리를 잃어버리고 싶지 않다. 그들은 군비 축소에 반대한다. 그런 그들이 군비 제한에 찬성할 리도 없다. 따라서 배후에서 막강한 영향력을 행사하는 이런 회의는 전쟁으로 이득을 보는 자들의 사악한 대행 기구에 불과하다. 그들은 이런 회의에서 군비 축소나 지나친 군비 제한이 의결되지 못하게 만든다.

이런 회의에서 영향력을 행사하는 모든 강대국의 핵심 목표는 전쟁 방지를 위한 군비 축소를 이루는 것이 아니라 자국의 군비는 확충하고 모든 잠재적인 적의 군비는 축소하는 것이다.

실질적으로 군비를 축소할 수 있는 방법은 한 가지밖에 없다. 모든 국가가 합의해서 모든 군함, 총, 탱크, 전투기를 폐기하는 것이다. 하지만 이것이 가능하다 해도 이것만으로는 충분하지 않을 것이다.

전문가들에 따르면, 다음 전쟁 때는 군함이나 대포, 소총이나 기관총으로 싸우지 않을 것이다. 치명적인 화학 물질과 가스로 싸울 것이다.

비밀리에 각국은 적을 전멸시킬 더 새롭고 무시무시한 수단을 연구하고 완성해 가고 있다. 그래도 군함은 계속 만들어질 것이다. 조선업체가 자기네 이득을 올려야 하기 때문이다. 그리고 대포도 계속 만들어지고 화약과 총도 계속 생산될 것이다. 군수품 제조업체들이 막대한 이득을 챙겨야 하기 때문이다. 그리고 물론 군인들은 군복을 입어야 한다. 군복 제조업체도 전쟁 이득을 나눠먹어야 하기 때문이다.

그렇더라도 전쟁의 승패는 기술과 우리 과학자들의 창의력에 의해 결정될 것이다.

하지만 우리가 그들에게 독가스와 더욱더 무시무시한 물리적 파괴 수단을 만들게 한다면 그들은 모든 국민의 더 큰 번영을 이룩할 건설적인 일을 할 시간이 없을 것이다. 그들이 이런 쓸모 있는 일을 할 수 있게 해야만 우리 모두는 전쟁에서 버는 것보다 더 많은 돈을 평화에서 벌 수 있다. 심지어 군수품 제조업체도.

그래서 고하건대,

전쟁일랑 집어치워라!

The War Prayer

전쟁을 위한 기도

마크 트웨인

Lithograph by William Balfour Ker. 1917

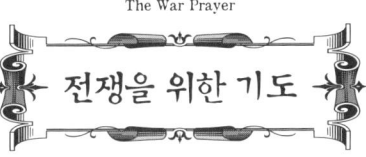

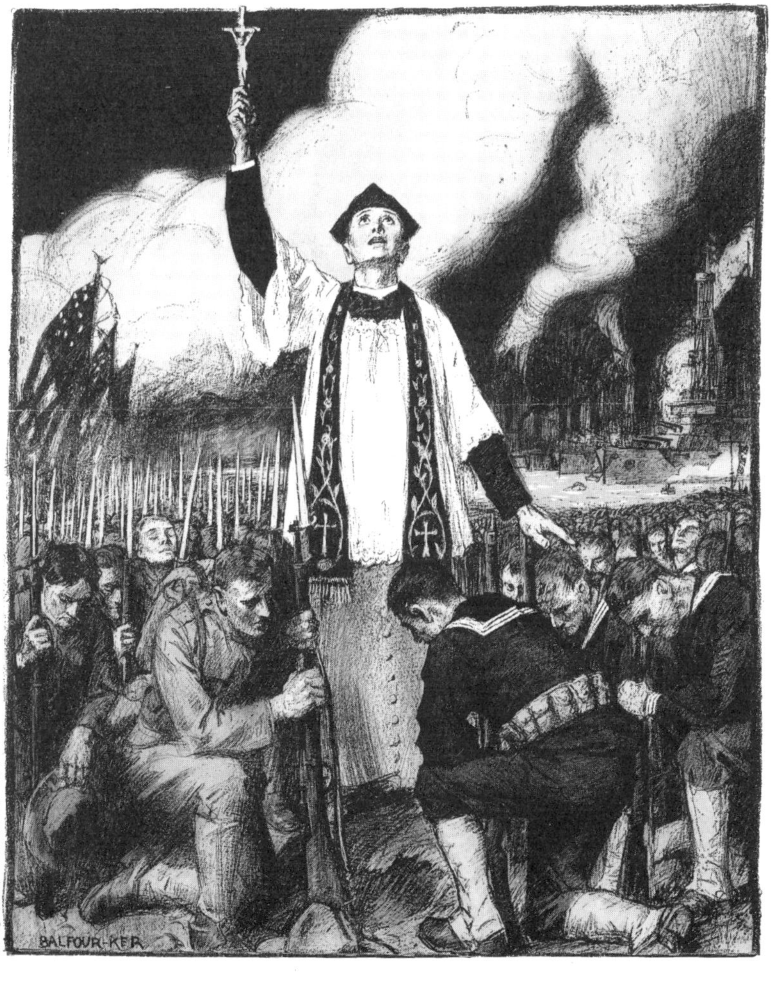

작품에 대하여

스페인-미국 전쟁 이후 필리핀에 대한 미국의 군사적 개입에 분노한 마크 트웨인(1835~1910)은 이 작품을 써서 《하퍼스 바자(Harper's Bazaar)》에 보냈다. 하지만 이 여성 잡지는 너무 과격하다는 이유로 게재를 거부했다. 이 작품은 마크 트웨인이 1910년 4월에 죽을 때까지 발표되지 못했다. 신성 모독으로 여겨질까 봐 두려워한 가족들이 만류하기도 했고 친구들도 발표하지 말라고 조언했다.

삽화가 겸 작가인 대니얼 카터 비어드(1850~1941)가 그에게 어떻게든 이 작품을 발표할 건지 묻자 트웨인은 이렇게 대답했다. "아뇨. 나는 거기서 온전한 진실을 말하긴 했지만, 이 세상에서는 죽은 자만이 진실을 말할 수 있지요. 필시 내가 죽은 뒤에야 발표될 거요."

퓰리처상 위원회 위원이면서 마크 트웨인에 정통한 전기 작가인 앨버트 페인(1861~1937)에 따르면, 트웨인은 1904~1905년에 이 작품을 쓴 후 곧바로 발표하려 했지만 잡지사로부터 게재를 거부당했다. 페인은 1910년 그가 죽은 후 미발표 원고 가운데서 이 작품을 발견했다. 페인은 이것을 자신이 1923년에 편집해서 펴낸 마크 트웨인 에세이 선집 『유럽 그리고 다른 곳에서(Europe and Elsewhere)』에서 처음 발표했다.

엄청난 흥분이 들끓은 시절이었다.
온 나라가 싸울 채비를 했고 전쟁이 시작됐다.
모든 이의 가슴 속에 애국심이라는 성화가 타올랐다.
북소리가 둥둥 울려 퍼졌고 군악대가 연주를 했다.
장난감 권총에서 팡팡 소리가 났고
폭죽 다발이 쉭쉭 날아올라 탁탁 터졌다.
사방으로 그리고 저 아래로 펼쳐진
지붕과 발코니가 점점 멀어지며 가물가물해졌고
햇빛에 반짝이는 국기들은 유난히 팔랑팔랑 나부꼈다.

낮이면 젊은 지원병들이 새 군복을 차려 입고
멋있고 늠름하게 드넓은 거리를 행진했다.
그들을 자랑스러워한 아버지와 어머니, 누이와 애인은
그들이 지나갈 때 목이 메는 벅찬 환호를 보냈다.

밤이면 대중 집회에 운집한 사람들이
애국자의 웅변에 귀를 쫑긋 세운 채
가쁜 숨을 몰아쉬었다.
그의 웅변은 사람들의 마음을
속속들이 휘저으며 달아오르게 했고
열화와 같은 박수 갈채에 한 마디가 멀다 하고 끊겼다.

사람들의 볼에는 내내 눈물이 흘러내렸다.

예배당에서는 목사들이
국기와 조국에 대한 충성을 설교했다.
그리고 '전쟁의 신'에게 기도를 올렸다.
열변을 토하면서
거룩한 사역에 그분의 도움이 있기를 간청했다.
모든 청중이 감동했다.
참으로 기쁘고 은혜가 충만한 시절이었다.

섣불리 전쟁에 반대하며
전쟁의 정의로움에 곧장 의혹을 던졌던
경솔한 사람들 여섯 명은
준엄하고 분노에 찬 경고를 들었다.
일신의 안전을 생각한다면
한시라도 빨리
눈에 띄지 않게 썩 꺼져야
그딴 식으로 다른 사람 열 받게 하는 일이
더 이상 없을 거라고.

일요일 아침이 밝았다.

다음 날이면 대군이 전선을 향해 떠날 것이다.
예배당이 가득 찼다.
지원병들도 거기에 있었다.
그들의 앳된 얼굴은 전쟁의 꿈에 부풀어 환하게 빛났다.
그들의 눈에는 그려졌다.
굳세게 전진하며 전세를 몰아 맹렬하게 공격하면
불을 뿜는 총구 앞에 적들이 줄행랑을 놓을 것이고
혼비백산한 그들을 포위해 거세게 추격하면
급기야 항복하고 말 것이다!
그런 후 전쟁에서 돌아오면
빛나는 영웅으로 환영받고 떠받들어져
찬란한 영광을 원 없이 누리게 될 것이다!

지원병들 옆에는 그들이 사랑하는 이들이 앉았다.
전쟁터에 내보낼 아들이나 형제가 없는 이웃과 친구들은
자랑스러움과 행복감에 젖어 있는 그들을 부러워했다.
전쟁터에서는 승리할 수도 있지만 설령 패하더라도
고귀하디 고귀한 죽음을 맞을 수 있었기에.

예배가 계속됐다.
구약성서 가운데 전쟁 구절이 하나 낭독됐고

첫 번째 기도가 있었다.
기도가 끝나기 무섭게,
예배당을 뒤흔드는 오르간 굉음이 울렸다.
목사가 흥분을 터뜨리자 예배당은 더 뜨겁게 달아올랐다.
그는 이글거리는 눈빛과 격한 감정으로
무시무시한 기도를 쏟아냈다.

"하느님, 세상에서 가장 경외로운 분이시여!
모든 운명을 주관하는 당신이시여!
당신의 나팔 소리를 울려주시고,
당신의 칼을 번뜩여 주소서!"

그러고 나서 '기나긴' 기도가 있었다.
누구도 전에 그런 기도를 들어본 적이 없었다.
너무나 열렬하게 간청하는
감동적이고 아름다운 말씀이었던 것이다.
기도에서는 이런 간청이 반복됐다.

언제나 자비로우시고 인자하신 우리 모두의 아버지시여,
우리의 위풍당당한 젊은 용사들을 굽어살피소서.
그들이 애국 사역을 다할 수 있게 도움을 주시고,

위로를 주시고, 용기를 북돋아주소서.
그들에게 은총을 내리소서.
전투가 벌어지는 낮과 위태로운 때에
그들을 보호해 주소서.
그들을 당신의 권능 아래 두시고,
그들에게 힘과 자신감을 주시어
피비린내 나는 공격에서
천하무적이 되게 하소서.
그들이 적을 무찌르게 도우소서.
그들에게 그리고 그들의 국기와 조국에
만고불멸의 명예와 영광을 내리소서.

어느 낯선 노인이 예배당에 들어섰다.
느린 걸음으로 조용히 중앙 통로를 따라 들어왔다.
시선은 목사에게 붙박여 있었다.
큰 키에 발끝까지 늘어진 기다란 겉옷을 걸치고 있었다.
머리에는 모자를 쓰지 않았고
어깨까지 늘어진 백발은 하늘하늘 일렁였다.
마뜩지 않은 표정의 얼굴은 유난히 창백했는데,
창백하다 못해 오싹한 느낌마저 주었다.
모든 시선이 그를 따르며 이상하게 여겼지만

그는 멈추지 않고 조용히 걸음을 이어갔다.
그리고 목사 옆으로 올라가 우두커니 서서 기다렸다.
눈을 감고 있는 목사는
그가 옆에 있는지도 모르는 채
자신의 감동적인 기도를 계속했다.
마침내 기도가 간곡한 호소를 담은 말씀으로 마무리됐다.

"우리 군인들에게 은총을 베푸소서.
우리에게 승리를 내리소서.
오, 주여, 우리의 하느님 아버지시여,
그리고 우리 영토와 국기의 수호자시여!"

낯선 노인이 목사의 팔을 살짝 두드리며
옆으로 비켜서라고 했다.
목사는 얼떨결에 옆으로 비켜났고
노인은 목사의 자리에 섰다.
잠시 노인은 넋 나간 청중을
위엄 있는 시선으로 둘러보았다.
그의 눈에서 신비로운 빛이 났다.
노인은 굵직한 목소리로 말했다.

"나는 하느님의 보좌에서 내려왔소.
전능하신 하느님의 말씀을 전하러 왔소!"

노인의 말에 예배당이 크게 술렁였다.
그는 그걸 알아차렸지만 전혀 개의치 않았다.

"하느님은 그분의 종,
즉 여러분의 목자가 비는 소원을 들으셨소.
그래서 그분의 전령인 내가
여러분에게 그 소원의 뜻,
다시 말해 그 소원의 온전한 뜻을 설명한 후에도
여러분의 소원이 그러하다면
그 소원을 들어주실 것이오.
여러분의 목자가 빈 소원은
인간들이 비는 많은 소원과 비슷해서,
소원을 말하는 사람이
잠시 멈추어 생각해 보지 않을 경우
자신이 알아차리고 있는 것보다
더 많은 소원을 빌게 되오.
여러분과 하느님의 종은,
하느님의 종이 말하는 소원을 빌었소.

그런데 그가 잠시 멈추어 생각을 해봤소?
그 소원이 한 가지요?
아니오! 그 소원은 두 가지요.
하나는 말로 나왔고
다른 하나는 말로 나오지 않았소.
하지만 세상의 모든 탄원을 들으시는 그분의 귀에는
말로 나온 것과 말로 나오지 않는 것, 둘 다 들렸소.
지금부터 내가 하는 말을 깊이 생각하고 명심하시오.
여러분이 자신에게 은총을 내려달라고 간청할 때는
조심하시오!
무심코 동시에
이웃에게 저주를 내려달라고 빌어서는 안 되니까 말이오.
비가 필요한 여러분의 곡식에
비를 내려달라고 기도할 경우,
그 행동을 통해 여러분은
비가 필요하지 않아 비가 오면 피해를 입을
몇몇 이웃의 곡식에 저주를 내려달라고
기도하는 꼴이 될 수 있소.
여러분은 여러분의 목자가 비는 소원을 들었소.
말로 나온 소원 말이오.
그래서 하느님은 나에게 말로 나오지 않은

다른 소원을 말로 들려주라 하셨소.
그것은 여러분과 여러분의 목자가
마음속으로 무언중에 열렬히 빌었던 소원이오.
그렇다고 그게 무시되고 헤아려지지 않을 것 같소?
하느님은 그 소원이 그러하다는 것을 알고 계시오!
여러분은 이런 말을 들었소.
"우리에게 승리를 내리소서. 오, 주여, 우리의 하느님!"
이거면 충분하오.
말로 나온 소원 전체를 이 함축적인 말로 줄일 수 있소.
다른 세세한 말은 필요치 않았소.
승리를 내려달라고 빌 때 여러분은
승리에 따르는 많은 결과들도 함께 빌었소.
말로 나오지 않은 그 결과들은
승리에 따를 것이 분명하고 막을 도리가 없소.
성령께서는 말로 나오지 않은 소원에도 귀를 기울이셨소.
그분은 내게 그 소원을 말로 들려주라 명하셨소.
들어보시오!

오, 주여, 우리 아버지시여,
우리의 젊은 애국자들이,
우리의 사랑스러운 용사들이

전쟁터로 떠납니다.
당신께서 그들 곁에 함께하소서!
마음으로나마 우리는 그들과 함께
소중한 가정의 감미로운 평화를 떠나
적을 무찌르러 갑니다.
오, 주여, 우리의 하느님이시여,
우리가 포탄으로 적군을
피투성이 산산조각으로 만들게 도우소서.
우리가 적의 싱그러운 들판을
적의 핏기 없는 애국자 시체로 뒤덮게 도우소서.
우리의 대포 소리가 적의 부상자들이
고통에 몸부림치며 질러대는 비명 소리에 묻혀
들리지 않게 도우소서.
우리가 폭풍 같은 포화로 적의 소박한 안식처를
폐허로 만들게 도우소서.
우리가 불의의 공격으로 적의 무고한 과부들의 마음을
찢어놓게 도우소서.
우리가 그들의 집을 날려버리게 도우시어,
의지할 곳 없는 어린아이들이
누더기를 입은 채 굶주리고 목말라 하며
황폐해진 적막강산을 떠돌게 하소서.

또 여름의 화염 같은 햇볕과
겨울의 얼음장 같은 바람에 시달리게 하시고,
마음이 무너져 내리고 고난에 지쳐 쓰러지게 하소서.
당신께 무덤이라는 안식처를 간청하더라도
부디 거절하소서.
당신을 숭배하는 우리를 위해서라도, 주여,
그들의 소망을 물리치시고,
그들의 생명을 멸하시고,
그들의 고통스러운 삶을 늘리시고,
그들의 발걸음을 무겁게 하시고,
그들의 길이 그들의 눈물로 흠뻑 젖게 하시고,
새하얀 눈을 그들의 상처투성이 발에서 흘러내리는 피로
물들이소서!
우리는 사랑의 근원이신 당신께,
그리고 지독한 고난에 처해 회개하는 겸허한 심정으로
도움을 간청하는 모든 이의 변함없이 든든한 위로자이자
벗인 당신께,
사랑의 마음으로
이를 청하나이다.
아멘."

(잠시 멈추었다가)

"여러분은 이런 소원을 빌었소.
여러분이 여전히 이를 소망한다면,
그러하다고 말해보시오!
여기 하느님의 전령이 기다리고 있소!"

노인의 말이 끝나자
사람들은 그를 미치광이로 생각했다.
그가 귀신 씨나락 까먹는 소리를 했기 때문이다.

주요 서평

《뉴욕 타임스》(1936)
버틀러 장군은 미국에서 가장 주목받는 인물 가운데 하나이며 "투쟁하는 평화주의자"다. 그는 자신의 영웅적인 전공(戰功)을 자본주의의 침탈 행위로 규정하면서 미국이 앞으로 외국의 모든 전쟁에 개입하지 말아야 한다고 주장한다.

《살롱》(2010)
버틀러는 늘 기득권자들을 불편하게 만들었다. 평생 동안 필리핀과 중국부터 아이티 그리고 프랑스에 이르기까지 세계를 누비며 군사 작전을 폈던 그는 미국의 제국주의적 침략 행위에 치가 떨리는 환멸을 느꼈다. 그래서 1960년대에 아이젠하워 대통령이 "군산복합체"라는 말을 만들어내기 수십 년 전에 이미 미국의 군국주의를 신랄하게 비판하는 『전쟁은 사기다』라는 책을 펴냈다.

랠프 네이더(변호사, 시민운동가, 논픽션 저자, 녹색당 대통령 후보 5회, 2003)
대학 시절 어느 역사책을 읽다가 각주에서 20세기 군인 가운데 가장 훈장을 많이 받은 사람이 했다는 놀라운 고백을 접했다.
"나는 해병대에서 34년을 보냈다. 그런데 그 기간의 대부분을 '빅 비즈니스'와 월스트리트와 은행을 위해 일하는 고위 폭력배로 보냈다. 요컨대 나는 자본주의를 위해 일한 사기꾼이자 폭력배였다."

스메들리 버틀러 장군은 이 고백 말고도 다른 말들도 연설과 글로 남겼는데 왜 20세기 초를 다루는 역사책에서 더 상세하게 설명되지 않는지 나는 정말 의아했다.

아마도 그가 너무나 많은 목격담을 발설했기 때문인 듯하다. 그는 많은 실명을 거론했다. 여기 좋은 예가 있다.

"1914년에 멕시코, 특히 탐피코 지역을 미국 정유사들에게 안전한 곳으로 만드는 데 일조했다. 또 아이티와 쿠바를 내셔널 시티 은행이 짭짤한 수익을 올리기에 적합한 곳으로 만드는 데 일조하기도 했다. 뿐만 아니라 월스트리트 자본가들의 이익을 위해 중앙아메리카의 여섯 개 나라를 침략하기도 했다. 나는 1909년부터 1912년까지 브라운 브라더스의 다국적 은행을 위해 니카라과를 길들이는 데 일조하기도 했다. 1916년에는 미국 설탕 제조사를 위해 도미니카공화국에 총구를 들이댔다. 1903년에는 온두라스를 미국 과일 회사들에게 유리한 곳으로 만들었다. 1927년 중국에서는 미국 정유사 스탠더드 오일의 순탄한 진출을 도왔다."

저명한 언론인 로얼 토머스는 버틀러 장군의 책 『전쟁은 사기다』의 《리더스 다이제스트》판 서문에서 옳은 소리를 했다. 버틀러는 미국을 지키는 일을 하면서 파시스트처럼 하지 않았다. 그는 학살하거나 학살당할 외국 전쟁터에 미국 군인들을 보내는 탐욕적인 권력가나 기업가처럼 하지 않았다.

버틀러는 책에서 전시 부당이득을 취득하는 기업들의 이름을 열거하는 데 한 장(章)이나 할애했다. 또 젊은이들이 "군에 입대하지 않을 경우 수치심을 느끼도록" 만들면서 "하느님까지 끌어들일 정도로" 악랄한 프로파간다에 대해서도 썼다.

버틀러 장군은 "이런 사기를 없앨 수 있는" 특별한 방법을 제시했다. 전시 부당이득을 취득할 자들을 먼저 징병하라!

"우리의 무기 공장과 군수품 제조업체, 조선업체와 항공기 제조업체, 전쟁에서 이득을 낼 수 있는 여타 온갖 물건을 만드는 제조업체, 은행과 투자업체 등의 임원과 관리자와 고위 경영자를 징용하고, 참호 속의 젊은이들과 같은 임금, 즉 매월 30달러를 그들에게 지급해야 한다."

그러면 누구도 "전쟁에서 이득을 볼 수 없게 되고" 모든 국민이 함께 희생을 감내할 각오가 될 때만 조국을 지키기 위한 전쟁이 가능하게 된다. 버틀러 장군은 일본이 진주만을 공격하기 전에 세상을 떠났다. 그런데 그의 책이 오늘날의 독자들에게 기시감 같은 것을 느끼게 하는 이유는 뭘까? 시대가 변하면서 전쟁 기술도 많이 변했지만 부시와 체니가 이끄는 워싱턴의 조폭들은 경험 많고 노련한 공무원이나 퇴역 장성이나 외교관들의 조언을 귓등으로도 듣지 않고 있다. 대신 그들은 절친한 기업들과 손잡고 제국주의를 확장할 궁리나 하고 있다. 버틀러 장군이 약 70년 전에 실명으로 지목한 그들과 말이다.

1937년에 버틀러 장군은 이렇게 물었다.

"그 빌어먹을 정유회사들이 그저 자기네 땅에서 자기네 깃발만 내걸면 안 되는가(즉, 왜 남의 땅에다 미국 국기를 내걸고 사업을 하는가)?"

오늘날에 할 수 있는 대답은 이렇다.

"그들이 미국 국기를 계속 사용할 수 있는데 자기네 땅에다 자기네 깃발을 내걸 이유가 있겠는가!"

에이미 굿맨(방송 아나운서, 논픽션 저자, 2011)
퇴역한 미국 해병대 소장 스메들리 달링턴 버틀러는 1935년에 "전쟁은 사기다"라고 말했다. 전시 부당이득 취득에 관한 그의 얇은 책의 제목이기도 한 이 표현은 오늘날에도 변함없는 사실이다.

한 용감한 공무원이 얼마 전 전시 부당이득 취득자들에게 책임을 묻는 전투에서 승리를 거뒀다. 그녀의 이름은 버나틴(버니) H. 그린하우스다. 2005년 6월 27일 의회에서 그녀는 자신이 소속된 미국 육군공병이 2003년 이라크 침공 직전에 핼리버턴의 자회사인 켈로그 브라운 앤드 루드(KBR)과 70억 달러짜리 수의 계약을 맺은 것을 폭로했다.

육군공병의 도급계약 책임자로서 경쟁 입찰을 해야 미국 정부의 재정을 절약할 수 있다고 확신한 그녀는 KBR과의 계약이 불법이라고 상부에 보고했지만 무시당했다. 그 계약은 체니 부통령의 절친한 친구인 럼스펠드 국방장관이 승인한 것이었기 때문이다. 계약 서류에 그녀의 서명이 필요한 육군은 그녀를 직위 해제하고 말단직으로 강등했다.

하지만 그녀는 6년 가까이 끌어온 급여 청구 및 손해 배상 소송에서 이겼다. 미국 육군공병은 그녀에게 밀린 임금과 보상금과 소송비를 합쳐 97만 달러를 지급해야 한다.

의회 명예 훈장을 두 번이나 수훈한 해병대 소장 스메들리 버틀러는 이미 75년 전에 전쟁 비용의 부조리함에 대해 말했다.

"전쟁은 사기다. 언제나 그랬다. 전쟁은 아마 가장 오래된 사기일 것이다. 또 쉽게 가장 큰 이득을 남길 수 있는 사기이며, 확실히 가장 사악한 사기이기도 하다.…… 이득은 달러로 계산하고 손실은 인명으로 계산하는 유일한 사기이기도 하다.…… 그것은 소수의 이익을 위해 다수를 희생하면서 실행된다."

오바마 대통령과 의회는 의료보험 예산을 두고 왈가왈부하기 전에 전쟁 비용부터 삭감해야 한다.

크리스토퍼 J. 코인(조지메이슨 대학교 경제학 교수, 2012)
많은 군사적 침략 행위에 참여해 본 버틀러는 전쟁 중에 힘없는 시민들이 전쟁으로 인한 재정적, 육체적, 정신적 대가를 감내하는 동안 소수의 상류층이 엄청난 부당이득을 올린다는 것을 깨달았다. 하지만 시민, 정치인, 경제인, 학자들은 아직도 버틀러의 경고를 받아들이지 않고 있다.

짐 브룸리(군사학자, 논픽션 저자, 2013)
1935년에 처음 출간된 이 책은 비록 시대적 상황이 바뀌긴 했지만 오늘날에도 그대로 유효한 진실을 담고 있다. 그래서 반전 클래식이자 군사 클래식으로 자리 잡아 널리 읽히고 있다.

마이클 저지마(반전운동가, 논픽션 작가, 2003)
최근에 내가 읽은 『전쟁은 사기다』를 보면 버틀러 장군은 이미 1930년대에 "전쟁은 아주 오랫동안 사기였다"고 말했다. 부시와 친한 기업들은 우리가 낸 세금을 독식하는 계약을 맺고 이라크 전쟁에 참여하고 있다. 전쟁은 확실히 사기다.

길라드 아츠몬(평화운동가, 소설가, 재즈 연주자, 2011)
최고 영예인 의회 명예 훈장을 두 번이나 받은 전쟁 영웅이 군산복합체의 실체를 까발리는 유명한 연설을 담은 이 책은 전쟁에서 소수가 다수를 희생시켜 부당이득을 챙긴다고 말한다. 버틀러는 부당한 정부 정책에 맹목적인 충성을 바치는 것은 진정한 애국심이 아니라고 역설한다.

필립 A. 패루지오(정치운동가, 칼럼니스트, 2012)
퇴역한 해병대 소장 스메들리 버틀러는 1935년에 『전쟁은 사기다』라는 책을 출간했다. 그는 이 얇은 책에서 미국의 외교 정책이 기업들의 이득에 따라 좌지우지되고 조종된다는 것을 밝히고 있다. 오늘날 도대체 변한 것이 무엇인가?

숀 카즈웰(소설가, 출판인, 2010)
1935년에 베스트셀러였던 이 책은 한때 절판되기도 했으나 계속 발행 돼 지금은 많은 판본으로 널리 읽히고 있다. 버틀러는 자신의 삶을 바탕으로 감성과 객관적 정보를 전달하며 무시무시한 내용을 부드러운 연설조로 이야기한다. 그래서 정치 책이 아니라 에세이로 읽힌다.

조엘 터닙시드(걸프전 참전군인, 논픽션 작가, 2003)
이 얇은 책에서 버틀러는 전쟁과 전쟁 도발자 그리고 전시 부당이득 취득자 모두에게 분노하고 있다. 아이젠하워의 "군산복합체"라는 개념은 이 책에서 분노하는 대상에 번지르르한 광을 입혀 거창하게 만든 것에 불과하다.

일라이어스 에일리어스(베트남전 참전 해병대원, 사업가, 2011)
1960년대에 나는 베트남전에 참전하느라 일본 오키나와에 있는 버틀러 기지에 두어 번 간 적이 있지만 버틀러 장군과 그의 책에 대해 안 것은 2000년이 되어서였다. 버틀러는 미국 해병대 역사상 가장 위대한 인물이다. 유명한 체스티 풀러 장군보다 많은 훈장을 받았다. 그가 퇴역 후에 쓴 얇은 책 『전쟁은 사기다』는 군산복합체의 실상을 낱낱이 보여주고 있다.

애슐리 스미스(작가, 2003)
버틀러는 무서운 군인이었다. 버틀러가 군대를 이끌고 니카라과에 쳐들어갔을 때 니카라과의 엄마들은 아이들을 훈육하며 이렇게 말했다. "말 안 들으면 (사탄이 아니라) 버틀러 장군이 잡아간다." 그런 그가 퇴역 후에 완전히 변신했다. 1935년에 펴낸 반전 클래식 『전쟁은 사기다』에서 그는 미국의 군국주의를 강하게 비판한다.